Ali Samarat

Synthèse Stéréosélective de Lactones Fonctionnalisées

Ali Samarat

Synthèse Stéréosélective de Lactones Fonctionnalisées

Nouvelles voies d'accès à des composés polyfonctionnels

Presses Académiques Francophones

Impressum / Mentions légales
Bibliografische Information der Deutschen Nationalbibliothek: Die Deutsche Nationalbibliothek verzeichnet diese Publikation in der Deutschen Nationalbibliografie; detaillierte bibliografische Daten sind im Internet über http://dnb.d-nb.de abrufbar.
Alle in diesem Buch genannten Marken und Produktnamen unterliegen warenzeichen-, marken- oder patentrechtlichem Schutz bzw. sind Warenzeichen oder eingetragene Warenzeichen der jeweiligen Inhaber. Die Wiedergabe von Marken, Produktnamen, Gebrauchsnamen, Handelsnamen, Warenbezeichnungen u.s.w. in diesem Werk berechtigt auch ohne besondere Kennzeichnung nicht zu der Annahme, dass solche Namen im Sinne der Warenzeichen- und Markenschutzgesetzgebung als frei zu betrachten wären und daher von jedermann benutzt werden dürften.

Information bibliographique publiée par la Deutsche Nationalbibliothek: La Deutsche Nationalbibliothek inscrit cette publication à la Deutsche Nationalbibliografie; des données bibliographiques détaillées sont disponibles sur internet à l'adresse http://dnb.d-nb.de.
Toutes marques et noms de produits mentionnés dans ce livre demeurent sous la protection des marques, des marques déposées et des brevets, et sont des marques ou des marques déposées de leurs détenteurs respectifs. L'utilisation des marques, noms de produits, noms communs, noms commerciaux, descriptions de produits, etc, même sans qu'ils soient mentionnés de façon particulière dans ce livre ne signifie en aucune façon que ces noms peuvent être utilisés sans restriction à l'égard de la législation pour la protection des marques et des marques déposées et pourraient donc être utilisés par quiconque.

Coverbild / Photo de couverture: www.ingimage.com

Verlag / Editeur:
Presses Académiques Francophones
ist ein Imprint der / est une marque déposée de
OmniScriptum GmbH & Co. KG
Heinrich-Böcking-Str. 6-8, 66121 Saarbrücken, Deutschland / Allemagne
Email: info@presses-academiques.com

Herstellung: siehe letzte Seite /
Impression: voir la dernière page
ISBN: 978-3-8381-4087-2

Copyright / Droit d'auteur © 2014 OmniScriptum GmbH & Co. KG
Alle Rechte vorbehalten. / Tous droits réservés. Saarbrücken 2014

UNIVERSITE TUNIS EL MANAR
FACULTE DES SCIENCES DE TUNIS

THÈSE

DE DOCTORAT DE CHIMIE

Spécialité : **Chimie Organique**

Présentée par

Ali SAMARAT

Pour l'obtention du Titre de

Docteur de l'Université de Tunis El Manar

Sujet : **Préparation de diesters α-alkylidéniques : Application à la synthèse stéréosélective de lactones fonctionnalisées**

Soutenue publiquement le 14 juin 2004 devant le jury composé de Messieurs :

Président :	**Ahmed BAKLOUTI**, *Professeur à la Faculté des Sciences de Tunis*
Rapporteurs :	**Bechir BEN HASSINE**, *Professeur à la Faculté des Sciences de Monastir*
	Jacques MADDALUNO, *Professeur à l'Université de Rouen (France)*
Examinateurs :	**Yannick LANDAIS**, *Professeur à l'Université de Bordeaux-1 (France)*
	Radhouane CHTARA, *Professeur à la Faculté des Sciences de Tunis*
	Hassen AMRI, *Professeur à la Faculté des Sciences de Tunis*

A la mémoire de mes grands-parents

A mes parents à qui je dois tout

A mes adorables soeurs

A mes amis

A tous ceux qui me sont chers

REMERCIEMENTS

Cette Thèse en Co-tutelle a été dirigée dans le cadre d'une collaboration scientifique Franco-Tunisienne, sous la direction de :

Monsieur le Professeur **Hassen AMRI**, Directeur du Laboratoire de Chimie Organique & Organométallique à la Faculté des Sciences de Tunis, que je remercie vivement pour m'avoir accueilli dans son laboratoire et m'avoir fait profiter de sa compétence et de sa lucidité. Qu'il trouve ici l'expression de toute ma gratitude de son soutien scientifique qui m'a beaucoup aidé à mener à bien cette étude et assurer ma formation de chercheur tout au long de ma thèse.

Monsieur le Professeur **Yannick LANDAIS**, Directeur du groupe Synthèse au Laboratoire de Chimie Organique & Organométallique à l'université Bordeaux-1, que je remercie profondément pour l'accueil qu'il m'a réservé dans son équipe de recherche lors de mes séjours à Bordeaux. Qu'il trouve ici le témoignage de ma reconnaissance pour la confiance qui m'a accordée et pour l'intérêt qu'il a porté à ce travail.

Je suis très sensible à l'honneur que me fait Monsieur **Ahmed BAKLOUTI**, Professeur à la Faculté des Sciences de Tunis, d'avoir accepté de présider le jury chargé d'examiner cette thèse. Qu'il trouve ici l'expression de mon profond respect.

Mes sincères remerciements vont à Monsieur **Bechir BEN HASSINE**, Professeur à la Faculté des Sciences de Monastir et Directeur de l'I. P. E. I. M. qui a accepté d'être rapporteur de ce mémoire et d'en être aussi membre du jury. Qu'il trouve ici l'expression de mon profond respect et ma considération.

Je suis très honoré par la présence de Monsieur **Jacques MADDALUNO**, Professeur à l'université de Rouen (France), qui s'est déplacé pour venir aimablement s'associer à ce jury et d'avoir accepté d'être rapporteur de ce mémoire. Qu'il trouve ici le témoignage de mes sincères remerciements.

Mes remerciements vont également à Monsieur **Radhouane CHTARA**, Professeur à la Faculté des Sciences de Tunis, d'avoir accepté d'examiner ce travail et de s'associer à ce jury.

Je remercie Monsieur **Mustapha M'HIRSI**, Professeur à la Faculté des Sciences de Tunis, qui s'est toujours intéressé à mon travail et aussi pour ses encouragements et ses conseils judicieux.

Je tiens à remercier Monsieur **Jacques LEBRETON**, Professeur à la Faculté des Sciences de Nantes (France) qui m'a accueilli dans son laboratoire au cours de mon stage.

Je remercie particulièrement Madame **Taïcir BEN AYED**, Maître de conférences à l'I.N.S.A.T., pour son amitié et serviabilité ainsi que sa participation à la mise au point de certains substrats de départ.

J'adresse également mes vifs remerciements à tous les membres du laboratoire de Chimie Organique & Organométallique de la Faculté des Sciences de Tunis pour leurs encouragements et leur contribution à créer une atmosphère ambitieuse de travail. Je pense notamment à **T. Turki, H. Kraïem, R. Ouled Saâd, N. Lahmar, J. Ben Kraïem, B. Toumi, A. Arfaoui** et **R. Gatri**.

Que tous mes amis chercheurs et techniciens au sein du groupe Synthèse à l'université de Bordeaux-1 soient vivement remerciés pour leur contribution aussi bien morale que scientifique et avec qui j'ai passé de bons moments et plus particulièrement **C. Mahieux, D. Naud, M. Berlande, F. Robert, A. Fauvel, P. James, L. Chabaud,** et **R. Lebeuf.**

J'adresse mes remerciements aussi à Madame **M. Baklouti**, technicienne à la Faculté des Sciences de Tunis, pour l'enregistrement des spectres RMN.

Abréviations utilisées dans ce mémoire

AA	: aminohydroxylation asymétrique
Ac	: acétyle
AD	: dihydroxylation asymétrique
AQN	: anthraquinone-1,4-diyl diether
b.p.	: point d'ébullition
Bn	: benzyle
Bz	: benzoyle
calc.	: calculé
cat.	: catalytique
Cbz	: benzyloxycarbonyle
CCM	: chromatographie sur couche mince
CPG	: chromatographie en phase gazeuse
d	: doublet
DABCO	: 1,4-diazabicyclo[2.2.2]octane
dd	: doublet dédoublé
DHQ	: dihydroquinine
DHQD	: dihydroquinidine
DMAP	: 4-N,N-diméthylaminopyridine
DME	: 1,2-diméthoxyéthane
DMF	: diméthylformamide
dt	: doublet de triplet
e.d.	: excès diastéréoisomérique
e.e.	: excès énantiomérique
équiv.	: équivalent
Et	: éthyle
h	: heure
Hex	: héxyle
HMPA	: hexamethylphosphoramide
HMPT	: hexamethylphosphorous triamide
HPLC	: chromatographie liquide sous haute pression
HSTBA	: hydrogénosulfate de tétra n-butylammonium

^{i}Bu	: *iso*-butyle
^{i}Pr	: *iso*-propyle
IR	: infra-rouge
L	: ligand
m	: multiplet
Me	: méthyle
min	: minute
m.p.	: point de fusion
Ms	: méthanesulfonyle
MW	: molecular weight
^{n}Bu	: *n*-butyle
NMO	: *N*-methylmorpholine-*N*-oxide
nOe	: effet nucléaire Overhauser
^{n}Pr	: *n*-propyle
p	: para
Ph	: phényle
PHAL	: 1,4-phthalazinediyl
PYR	: 2,5-diphenyl-4,6-pyrimidinediyl diether
q	: quadruplet
qt	: quintuplet
R	: chaîne alkyle
Rdt	: rendement
R_f	: rapport frontal
RMN	: résonance magnétique nucléaire
R_T	: temps de rétention
t	: triplet
t.a.	: température ambiante
TBDMS	: *tert*-butyldiméthylsilyle
^{t}Bu	: *tert*-butyle
Tf	: trifluorométhanesulfonyle
THF	: tétrahydrofurane
TMS	: triméthylsilyle
Ts	: para-toluènesulfonyle
UV	: ultra-violet

Table des matières

INTRODUCTION GENERALE..**10**

CHAPITRE I

SYNTHESE STEREOSELECTIVE D'α-ALKYLIDENE GLUTARATES DE DIALKYLE

INTRODUCTION...	13
I- SYNTHESE D'ESTERS ACRYLIQUES α-HYDROXYALKYLES...................	14
I-1- Reaction de Wittig-Horner En Milieu Heterogene Faiblement Basique.......	15
I-2- Reaction de Baylis-Hillman Catalysee Par le 1,4-Diazabicyclo [2.2.2] Octane (DABCO)...	16
II- REACTIVITE ELECTROPHILE DES ESTERS ACRYLIQUES α-HYDOXYALKYLES ET DE LEURS DERIVES....................................	19
II-1- Reaction d'Addition Conjuguee...	20
II-3- Reaction De Substitution Nucleophile...	21
III- REACTIVITE DES ESTERS ACRYLIQUES α-ACETOXYALKYLES VIS-A-VIS D'ENOLATES D'ESTERS ET DE CETONES...........................	22
III-1- Substitution d'Acetates Allyliques Primaires Par Des Enolates De β-Dicetones Variees..	22
III-2- Substitution d'Acetates Allyliques Secondaires Par L'enolate De L'acetylacetone...	23
IV- SUBSTITUTION D'ACETATES ALLYLIQUES SECONDAIRES PAR L'ENOLATE DE L'ACETYLACETATE D'ETHYLE...........................	23
V- SYNTHESE D'α-METYLENE GLUTARATES DE DIALKYLE...................	28
VI- REACTION D'HALOGENATION DES ESTERS α,β-INSATURES...............	29
VI-1- Rappels Bibliographiques...	29
VI-2- Bromation d'α-Methylene Glutarates De Dialkyle.........................	30
VI-3- Action Des Ions Fluorures Sur Les Diesters Dibromes 5 : Synthese Stereoslective d'Ester Acryliques α,β-Insatures-β-Bromes..................	30

VII- REACTIVITE ELECTROPHILE DES HALOGENURES VINYLIQUES FONCTIONNELS 6.......... 32
VII-1- DONNEES BIBLIOGRAPHIQUES.......... 32
VII-2- RAPPELS BIBLIOGRAPHIQUE SUR LES ORGANOCUIVRES.......... 34
    VII-2-1- Monoorganocuivreux : R-Cu.......... 35
    VII-2-2- Homocuprates et cuprates mixtes.......... 35
    VII-2-3- Cuprates d'ordre supérieur.......... 36
VIII- ACTION D'ORGANOMAGNESIENS EN PRESENCE D'UNE QUANTITE CATALYTIQUE DE Cu(I) SUR LES BROMURES VINYLIQUES 6.......... 37
IX- CONCLUSION.......... 41
BIBILIOGRAPHIE.......... 43
EXPERIMENTAL SECTION.......... 46

CHAPITRE II

SYNTHESES STEREOSELECTIVE D'α-ALKYLIDENE ADIPATES ET PIMELATES DE DIETHYLE :

Application à la synthèse totale d'esters de
(±)-homosarkomycine et de (±)-*bis*-homosarkomycine

INTRODUCTION.......... 64
I- SYNTHESE DES DIESTERS α-METHYLENIQUES.......... 65
I-1- DONNEES BIBLIOGRAPHIQUES.......... 65
II- SYNTHESE D'α-METHYLENE ADIPATE DE DIETHYLE.......... 69
III- SYNTHESE STEREOSELECTIVE D'α-ALKYLIDENE ADIPATE DE DIETHYLE.......... 70
IV- SYNTHESE TOTALE DE L'ESTER DE LA (±)-HOMOSARKOMYCINE.......... 72
IV-1- DONNEES BIBLIOGRAPHIQUES.......... 72
IV-2- STRATEGIE DE SYNTHESE D'ESTER DE LA (±)-HOMOSARKOMYCINE.......... 74
V- SYNTHESE DE L'α-METHYLENE PIMELATE DE DIETHYLE.......... 77

VI- SYNTHESE TOTALE D'UN ESTER DE LA *bis*-HOMOSARKOMYCINE...... 79
VII- CONCLUSION.. 81
BIBILIOGRAPHIE... 82
EXPERIMENTAL SECTION... 84

CHAPITRE III

ADDITION CONJUGUEE DE SILYLCUPRATE SUR DES ACCEPTEURS DE MICHAEL FONCTIONNALISES

INTRODUCTION... 98
I- DONNEES BIBLIOGRAPHIQUES.. 99
I-1- ORGANOCUPRATES D'ORDRE SUPERIEUR.. 99
I-2- INTRODUCTION D'UN HETEROATOME SUR UN SQUELETTE CARBONE......... 101
I-3- UTILISATION DE SILYLCUPRATE DE FLEMING EN SYNTHESE ORGANIQUE...... 102
I-4- OXYDATION DE LA LIAISON CARBONE-SILICIUM............................... 104
    I-4-1 Oxydation de Tamao-Kumada... 105
    I-4-2- Oxydation de Fleming.. 106
I-5- ADDITIONS CONJUGUEES D'ORGANOZINCIQUES................................ 108
II- TENTATIVE DE SYNTHESE TOTALE DE LA LUPININE....................... 109
III- SILYLCUPRATION DES ACCEPTEURS DE MICHAEL FONCTIONNALISES.. 114
IV- SYNTHESE DIASTEREOSELECTIVE DE δ-LACTONES FONCTIONNELLES... 118
V- TENTATIVES D'ADDITION ENANTIOCONTROLEE DE SILYLZINCATE... 120
VI- SYNTHESE DE NOUVEAUX REACTIFS DISILANES........................... 124
VII- CONCLUSION.. 126
BIBILIOGRAPHIE... 127
EXPERIMENTAL SECTION... 131

CHAPITRE IV

DIHYDROXYLATION ET AMINOHYDROXYLATION ASYMETRIQUES DES GLUTARATES α-ALKYLIDENIQUES :

Synthèse énantiosélective des γ-butyrolactones hautement fonctionnalisées

INTRODUCTION.. 148
I- DIHYDROXYLATION ASYMETRIQUE DE SHARPLESS......................... 148
II- MECANISME DE LA DIHYDROXYLATION ASYMETRIQUE................... 149
   II-1- Optimisation Du Systeme Catalytique.. 149
   II-2- Mecanisme.. 152
III- DIHYDROXYLATION ASYMETRIQUE DES GLUTARATES α-ALKYLIDENIQUES.. 155
IV- AMINOHYDROXYLATION ASYMETRIQUE DE SHARPLESS................ 162
   IV-1- Source D'amines Et Regioselectivite Dans La Reaction D'aminohydroxylation.. 163
   IV-2- Regioselectivite De La Reaction D'Aminohydroxylation Des Systemes Acryliques α,β-Insatures.. 164
V- AMINOHYDROXYLATION ASYMETRIQUE DES GLUTARATES α-ALKYLIDENIQUES.. 165
VI- CONCLUSION.. 169
BIBLIOGRAPHIE.. 170
EXPERIMENTAL SECTION... 173

CONCLUSION GENERALE...185

INTRODUCTION GENERALE

Les accepteurs de Michael gem-bifonctionnels de type **I** sont abondamment étudiés ces derniers temps et ont relevé une importance synthétique en chimie organique. Ces composés acryliques, grâce à leur multifonctionnalité, présentent plusieurs sites réactifs susceptibles de réagir avec divers agents nucléophiles et électrophiles. Ce qui les rend potentiellement attractifs en tant que précurseurs de préparation de composés ayant des intérêts synthétiques notables de produits naturels et/ou biologiquement actifs.

$$H_2C=C\begin{matrix}FG\text{-}R\\EWG\end{matrix}$$
I

EWG: Groupement électroattracteur
FG-R: Groupement fonctionnel

Disposant d'une méthodologie simple et rapide d'accès aux esters α,β-insaturés α-acétoxyalkylés **2** et aux diesters 1,5-α-méthylénique **4**, développée dans notre laboratoire, nous décrivons dans le premier chapitre de ce mémoire deux nouvelles voies d'accès à une famille de glutarates α-alkylédiniques de type **3** et **7**.

| **2** | **3** | **4** | **7** |

Dans le deuxième chapitre, nous développons une nouvelle voie synthétique permettant un accès direct aux diesters -1,6 et -1,7-α-alkylidéniques de type **9** et **15**. Nous montrons également que l'α-méthylène adipate (**9**, R=H) et pimelate de diéthyle **15** peuvent être directement impliqués dans deux synthèses totales d'homologues supérieurs de la sarkomycine à six et sept chaînons, à savoir l'esters de (±)-homosarkomycine **13** et de (±)-*bis*-homosarkomycine **18**, reconnues comme étant des molécules biologiquement actives sous leur forme acide.

Afin de valoriser les accepteurs de Michael de type **7**, nous avons étudié leur comportement électrophile vis-à-vis d'un silylcuprate particulier dit de Fleming. L'introduction d'un reste silylé sur ces substrats conduit d'une manière diastéréosélective aux β-silyesters **26** lesquels, après une oxydation de la liaison C-Si en une liaison C-OH achève la synthèse diastéréosélective de δ-lactones fonctionnelles **30**. Nous présentons également dans ce troisième chapitre, nos tentatives d'additions énantiocontrôlées du groupement diméthylphénylsilyle (PhMe$_2$Si-) ainsi qu'une tentative de synthèse totale d'un squelette quinolizidinique.

Dans le quatrième et dernier chapitre, nous présentons nos résultats relatifs à l'application de processus de dihydroxylation et amino-hydroxylation asymétriques de Sharpless sur les accepteurs de Michael **7**, en vue d'accéder à des γ-butyrolactones hautement fonctionnalisées **36** et **40** énantiomériquement enrichies.

CHAPITRE I

SYNTHESE STEREOSELECTIVE D'α-ALKYLIDENE GLUTARATES DE DIALKYLE

> *« Dans l'état actuel d'avancement de la chimie, il n'est plus possible d'arriver à une découverte par pur hasard »*
>
> **G. DARZENS (1912)**

INTRODUCTION

*N*ous présentons dans ce chapitre deux nouvelles voies d'accès aux α-alkylidène glutarates de dialkyle **3** et **7**, composés rarement décrits dans la littérature.

*U*ne première voie est basée sur le comportement électrophile d'une série d'esters acryliques α-acétoxyalkylés **2** dérivés d'adduits de Baylis-Hillman, vis-à-vis d'un énolate de β-cétoester.

$$\underset{2}{\overset{OAc}{\underset{\|}{R}}\diagdown\overset{CO_2Et}{}}\qquad\underset{3(a\text{-}f)}{R\diagdown\overset{CO_2Et}{\underset{CO_2Et}{}}}$$

*L*a deuxième méthode est basée sur l'utilisation de 1,5-diesters-2-méthyléniques **4**, lesquels, après fixation d'un atome de brome en position vinylique puis substitution par un groupement R (R : alkyle, aryle), conduisent à une nouvelle famille des δ-diesters α-alkylidénique **7(a-o)**.

$$\underset{4}{\overset{}{\diagdown\overset{CO_2R'}{\underset{CO_2R'}{}}}}\qquad\underset{7(a\text{-}o)}{R\diagdown\overset{CO_2R'}{\underset{CO_2R'}{}}}$$

I- SYNTHESE D'ESTERS ACRYLIQUES α-HYDROXYALKYLES

Les esters α,β-insaturés sont connus comme étant de bons accepteurs de Michael. Leur grande réactivité en tant que composés électrophiles, a été à l'origine de plusieurs types de réactions telles que les additions-1,2 sur le groupement carbonyle de la fonction ester mais surtout des additions conjuguées de type Michael de nucléophiles divers, en particulier les composés organométalliques[1], les dérivés soufrés[2], et aminés[3] (schéma 1).

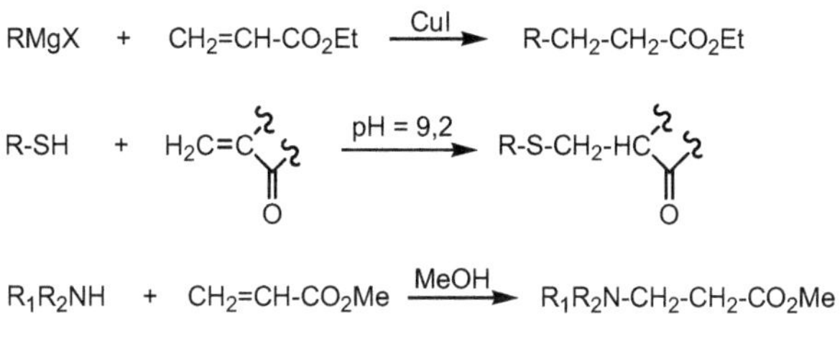

$$RMgX + CH_2=CH-CO_2Et \xrightarrow{CuI} R-CH_2-CH_2-CO_2Et$$

$$R-SH + H_2C=C\overset{\xi}{\underset{O}{\diagdown}} \xrightarrow{pH = 9,2} R-S-CH_2-HC\overset{\xi}{\underset{O}{\diagdown}}$$

$$R_1R_2NH + CH_2=CH-CO_2Me \xrightarrow{MeOH} R_1R_2N-CH_2-CH_2-CO_2Me$$

schéma 1

La fonctionnalisation de ces dérivés acryliques en position α, telle que l'hydroxyalkylation a fait l'objet de nombreux travaux[4-7]. Cependant, vu leur complexité, ces méthodes ont été abandonnées au profit d'autres voies récentes, plus simples et moins coûteuses.

Deux voies de synthèse d'esters acryliques α-hydroxyalkylés ont pu être retenues et par la suite développées, à savoir la réaction de Wittig-Horner en milieu hétérogène faiblement basique et la réaction dite de Baylis-Hillman.

I-1-REACTION DE WITTIG-HORNER EN MILIEU HETEROGENE FAIBLEMENT BASIQUE

Des travaux antérieurs ont montré, qu'en milieu hétérogène et faiblement basique, la réaction de Wittig-Horner est une méthode très appropriée[8]. En effet, la condensation du formaldéhyde aqueux (30%) sur le phosphonoacétate de triéthyle en présence d'une base faible telle que le carbonate de potassium dans l'eau et en l'absence de tout solvant organique conduit, selon un mécanisme de bis-hydroxyalkylation suivie d'une élimination, à l'ester-alcool attendu avec un bon rendement de 77% (schéma 2).

(EtO)2P-CH2-CO2Et
HCHO (30%) aq
K2CO3 (6-10M)
(EtO)2P-CH-CO2Et
CH2O-K+
H2O
(EtO)2P-CH-CO2Et
CH2OH
- (EtO)2P-O-K+
K2CO3
HCHO
CH2=CH-CO2Et
produit minoritaire
(EtO)2P-C-CO2Et
CH2OH
CH2O-K+
K2CO3
- (EtO)2P-O-K+
H2C=
OH
CO2Et
77%

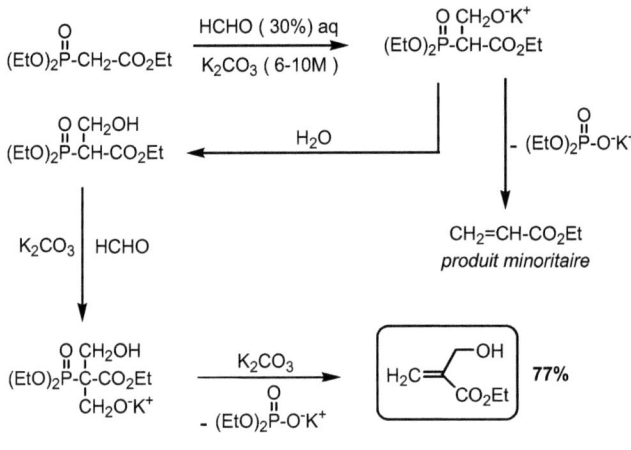

schéma 2

Bien qu'elle soit avantageuse, cette méthode reste limitée puisqu'elle ne permet pas l'obtention d'ester-alcools secondaires quand il s'agit d'aldéhydes aliphatiques ou aromatiques. En effet, vu l'effet stérique relatif de ces électrophiles, ces aldéhydes ont montré une réactivité autre que celle du formaldéhyde aqueux et seuls les produits résultant d'un processus monohydroxyalkylation-élimination[9] sont alors isolés (schéma 3).

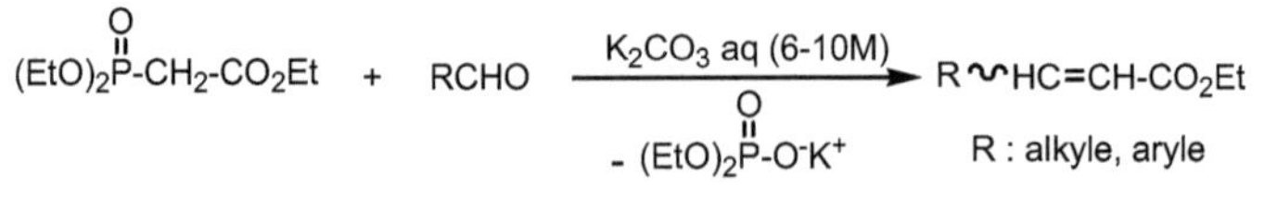

(EtO)2P-CH2-CO2Et
+
RCHO
K2CO3 aq (6-10M)
- (EtO)2P-O-K+
R HC=CH-CO2Et
R : alkyle, aryle

schéma 3

Cette limitation a pu être contournée grâce à l'emploi d'une réaction plus générale, applicable à tous les aldéhydes ainsi qu'à d'autres électrophiles. Cette réaction consiste en un couplage efficace entre un dérivé acrylique quelconque et un électrophile en présence d'un catalyseur approprié : Il s'agit là de la réaction de Baylis-Hillman.

I-2- RÉACTION DE BAYLIS-HILLMAN CATALYSÉE PAR LE 1,4-DIAZABICYCLO [2.2.2] OCTANE (DABCO)

Au cours de ces dernières années, la réaction de Baylis-Hillman[10] a connu un essor considérable en synthèse organique. La performance de cette réaction réside, comme il a été mentionné plus haut, en un couplage d'électrophiles divers et de systèmes acryliques de type **CH$_2$=CH-EWG** (EWG : COOR, CN, COR, SO$_2\Phi$,...), permettant ainsi l'introduction d'une fonction alcool en position β- de ces esters, cétones ou nitriles α,β-insaturés.

L'utilisation dans la réaction de Baylis-Hillman de catalyseur telles que les amines tertiaires bicycliques, e.g., le 1,4-diazabicyclo[2.2.2] octane (DABCO)[11-13], a rendu possible le couplage entre un bon nombre d'aldéhydes (aliphatiques ou aromatiques), cétones ou cétoesters et ces systèmes α,β-insaurés, sans solvant et à la température ambiante, pour conduire, avec de bons rendements, aux adduits α-hydroxyalkylés correspondants.

Le mécanisme de la réaction de Baylis-Hillman, envisage le passage par un intermédiaire Zwittérion lequel, par migration d'un proton, régénère le catalyseur qui assure des couplages successifs entre le système acrylique et l'électrophile en question. Cet intermédiaire Zwittérion, dont la conformation de plus faible énergie est représentée ci-dessous, conduit après élimination du catalyseur au composé attendu (schéma 4).

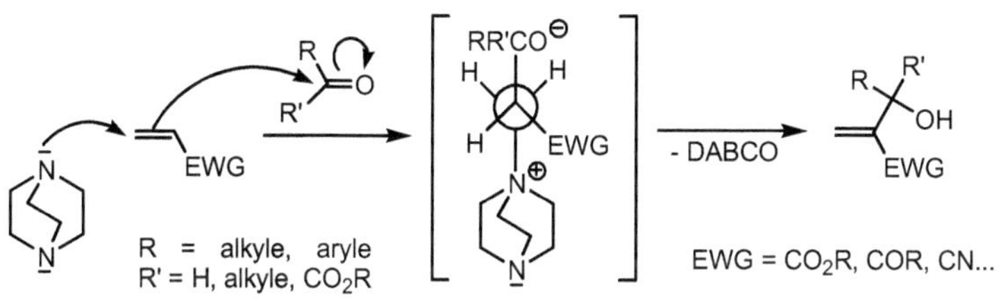

schéma 4

Il est à signaler qu'à l'instar de ce qui a été décrit pour l'acrylonitrile, la réaction de couplage entre un ester acrylique et un aldéhyde est généralement lente. Le temps de réaction peut atteindre une semaine environ. Cependant, il a été montré que ce temps peut être réduit à quelques heures, voire quelques minutes dans certains cas.

En effet, BHAT et Coll.,[14] ont pu montrer que si la réaction de Baylis-Hillman est conduite dans un four à micro-onde elle devient assez rapide (schéma 5).

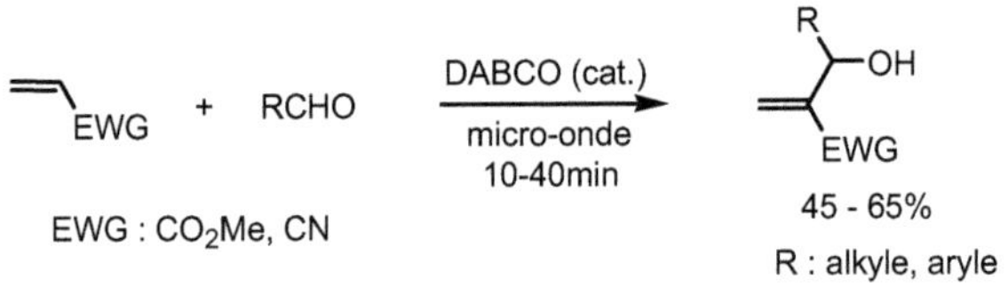

$$CH_2=CH-EWG + RCHO \xrightarrow[\text{micro-onde} \atop \text{10-40min}]{\text{DABCO (cat.)}} \underset{\text{EWG}}{\overset{R}{\underset{|}{C}}}-OH$$

EWG : CO_2Me, CN

45 - 65%
R : alkyle, aryle

schéma 5

HILL et ISAACS[15] ont montré que la formation d'une liaison carbone-carbone en position α du groupement électroattracteur EWG (CN, COOR, COR) peut être achevée en quelques minutes, en soumettant les réactifs à une pression de 2 à 5 Kbars (schéma 6).

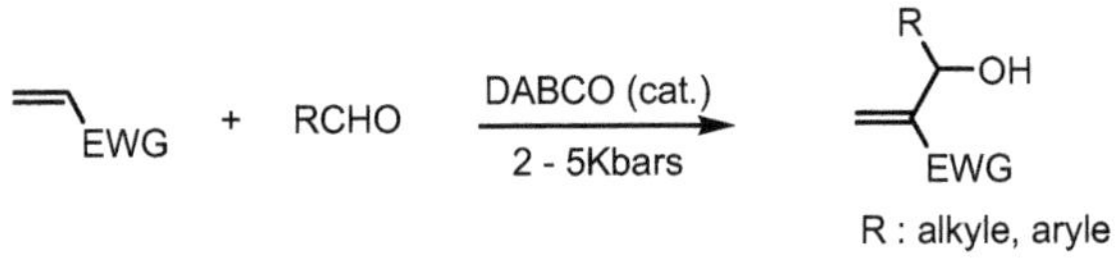

$$CH_2=CH-EWG + RCHO \xrightarrow[\text{2 - 5Kbars}]{\text{DABCO (cat.)}} \underset{\text{EWG}}{\overset{R}{\underset{|}{C}}}-OH$$

R : alkyle, aryle

schéma 6

Tout récemment, MIKAKO et SHU[16] rapportent que la réaction de Baylis-Hillman est accélérée par la présence de perchlorate de lithium comme co-catalyseur, et que le temps de contact peut être réduit à quelques heures (schéma 7).

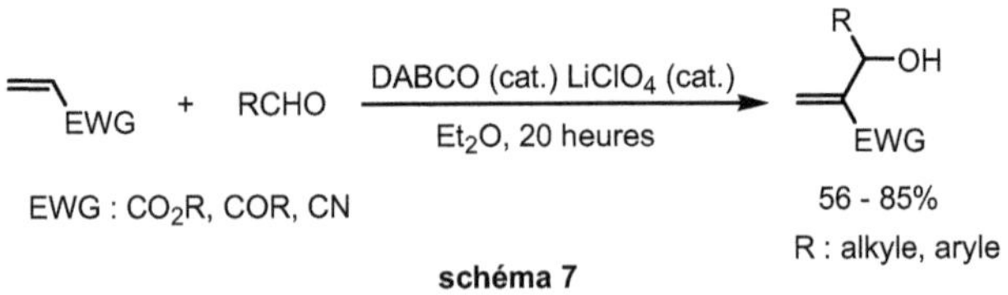

$$CH_2=CH-EWG + RCHO \xrightarrow[\text{Et}_2\text{O, 20 heures}]{\text{DABCO (cat.) LiClO}_4 \text{ (cat.)}} \underset{\text{EWG}}{\overset{R}{\underset{|}{C}}}-OH$$

EWG : CO_2R, COR, CN

56 - 85%
R : alkyle, aryle

schéma 7

Plusieurs travaux de recherches, parus ces dernières années, décrivent la version cyclique de la réaction de Baylis-Hillman[17]. Ceux-ci apportent une preuve supplémentaire que la méthodologie de Baylis-Hillman est considérée comme l'un des protocoles les plus efficaces qui permet un couplage facile entre une double liaison activée et un aldéhyde donné, permettant ainsi l'introduction directe d'un groupement hydroxyalkylé en position α d'un accepteur de Michael.

Plusieurs modifications des conditions opératoires[18], telles que la substitution du DABCO par la DMAP, ou bien l'emploi d'un acide de Lewis en absence de tout autre catalyseur, ont permis l'hydroxyalkylation des énones cycliques[19] (schéma 8).

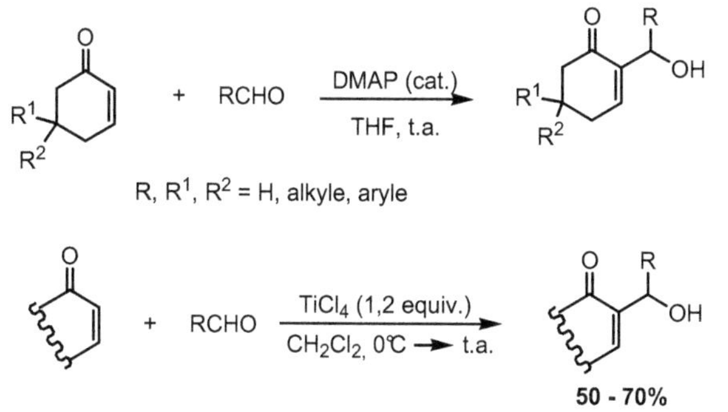

schéma 8

Partant de l'acrylate d'éthyle, nous avons synthétisé une série d'esters α,β-insaturés α-hydroxyalkylés par couplage de divers aldéhydes aliphatiques et aromatiques en utilisant le 1,4-diazabicyclo[2.2.2] octane comme catalyseur (schéma 9).

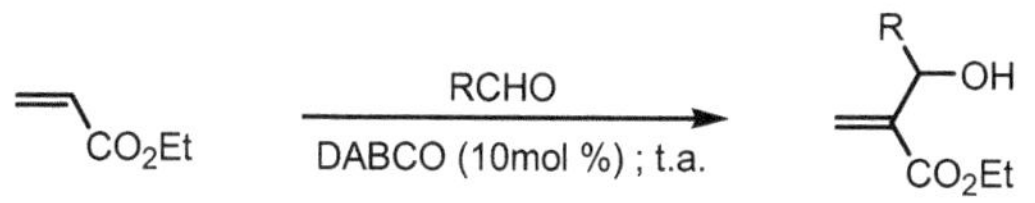

schéma 9

Ces adduits de Baylis-Hillman seront utilisés plus tard dans la synthèse des δ-diesters servant de substrats de départ dans notre travail.

Les différents ester-alcools α-hydroxyalkylés **1(a-f)** ainsi préparés, sont regroupés dans le Tableau I.

Tableau I : Esters acryliques-α-hydroxyalkylés 1(a-f) préparés

Entrée	R	Rdt (%)
1a	CH_3	82
1b	C_2H_5	75
1c	nC_3H_7	70
1d	iC_3H_7	65[*]
1e	iC_4H_9	55[*]
1f	C_6H_5	76

(*) Rendement obtenu en utilisant le DABCO à 30% molaire.

II- RÉACTIVITÉ ÉLECTROPHILE DES ESTERS ACRYLIQUES α-HYDOXYALKYLÉS ET DE LEURS DÉRIVÉS

Les travaux réalisés ces dernières années dans notre laboratoire, ont montré que les ester-alcools de type **1** et leurs dérivés acétoxyalkylés **2**, sont des substrats très intéressants en synthèse organique. Ces molécules multifonctionnelles à structures relativement simples, présentent l'avantage de posséder plusieurs sites réactifs susceptibles de réagir selon la nature des substrats et les conditions opératoires, pour accéder sélectivement à diverses familles de composés dont certains sont doués d'activités biologiques importantes, telles que la sarkomycine[20] (molécule antibactérienne et anticancéreuse), et l'α-méthylène-δ-valérolactone[21] (antinéoplasique) (schéma 10).

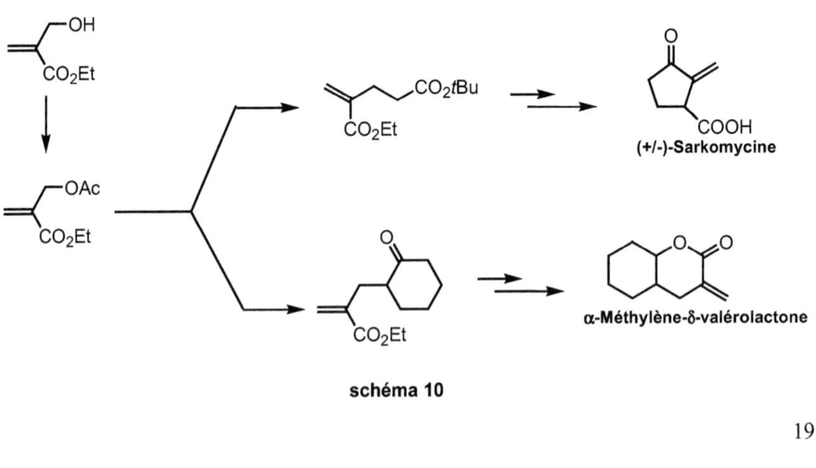

schéma 10

Dans le cadre de la réactivité électrophile des esters acryliques **1**, nous relevons dans la littérature trois principales réactions.

II-1- Reaction D'addition Conjuguee

Le carbone en position β des dérivés acryliques de type **1** a un caractère électrophile assez marqué. Ainsi, la condensation de réactifs organométalliques tels que les cuprates, sur l'ester-alcool **1**, sans la protection préalable du groupement hydroxyle, dans des solvants appropriés et à basse température, conduit aux seuls adduits de Michael[4,22] avec de bons rendements (schéma 11).

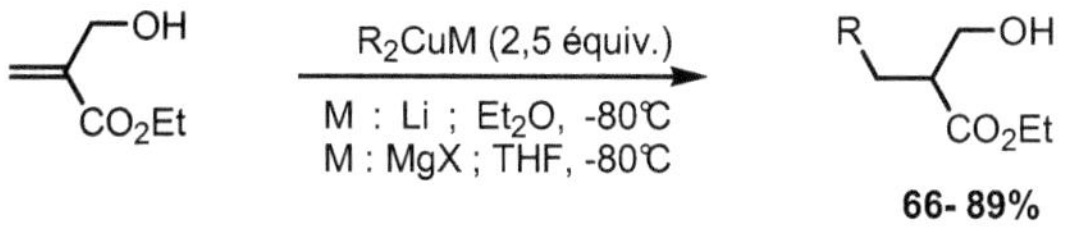

schéma 11

II-2- Reaction Sur La Fonction Ester : Addition-1,2

En l'absence de sels cuivreux[21], la fonction ester des composés de type **1**, protégés sous forme d'éthers silylés, est très réactive vis-à-vis des organomagnésiens ou lithiens simples et donne, même à basse température, des mélanges complexes de produits inséparables. Seul le phényllithium fournit un mélange de deux composés séparables par distillation (schéma 12).

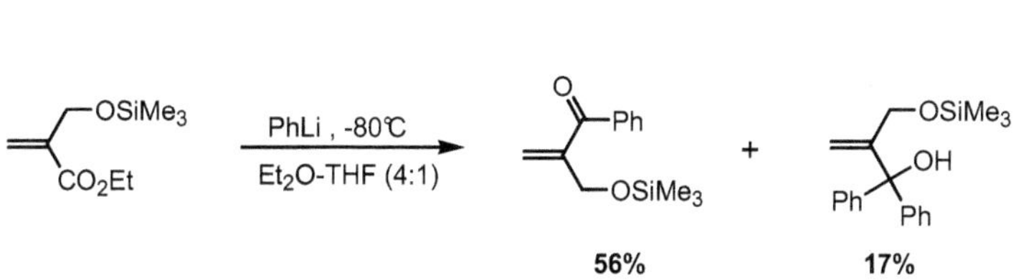

schéma 12

II-3- RÉACTION DE SUBSTITUTION NUCLÉOPHILE

De nombreux travaux réalisés dans notre laboratoire ont montré que la substitution nucléophile du groupement hydroxyle par des réactifs organométalliques ou d'énolates aliphatiques variés[20-22], nécessite sa conversion préalable sous forme d'acétate, d'acétal ou d'éther silylé[23] (schéma 13).

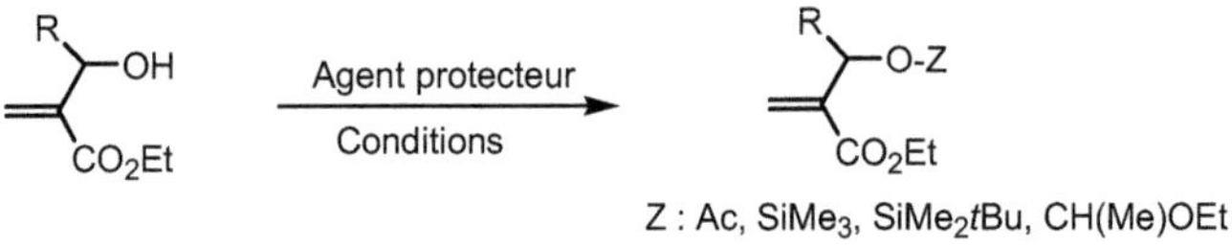

Z : Ac, SiMe$_3$, SiMe$_2$tBu, CH(Me)OEt

schéma 13

II-4- ACÉTYLATION DES ESTERS ACRYLIQUES α-HYDROXYALKYLES 1

L'acétylation des esters acryliques α-hydroxyalkylés **1** peut être réalisée aisément et avec de bons rendements; soit en milieu basique en utilisant le chlorure d'acétyle dans le dichlorométhane en présence de la triéthylamine, soit en milieu acide par condensation d'anhydride acétique sur les ester-alcools **1** dans l'éther en présence d'une goutte d'acide sulfurique concentré à 0°C[24]. Les deux méthodes fournissent les esters acryliques α-acétoxyalkylés **2(a-f)** avec des rendements comparables. Les différents produits d'acétylation obtenus sont regroupés dans le Tableau II (schéma 14).

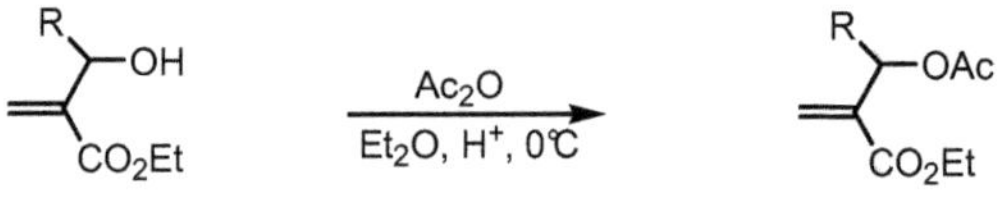

1(a-f) → **2(a-f)**

Ac$_2$O, Et$_2$O, H$^+$, 0°C

schéma 14

Tableau II : Esters acryliques-α-acétoxyalkylés 2(a-f) préparés

Entrée	R	Rdt (%)
2a	CH_3	93
2b	C_2H_5	86
2c	$^nC_3H_7$	81
2d	$^iC_3H_7$	92
2e	$^iC_4H_9$	85
2f	C_6H_5	81

III- RÉACTIVITÉ DES ESTERS ACRYLIQUES α-ACÉTOXYALKYLES VIS-A-VIS D'ÉNOLATES D'ESTERS ET DE CÉTONES

La réactivité des dérivés acryliques α-acétoxyalkylés en général et les esters en particuliers, a été largement étudiée ces dernières années par l'équipe du Professeur AMRI. En effet, la substitution du groupement acétoxyle par divers nucléophiles (organométalliques et énolates variés) a été réalisée dans des conditions opératoires bien déterminées.

III-1- SUBSTITUTION D'ACÉTATES ALLYLIQUES PRIMAIRES PAR DES ENOLATES DE β-DICÉTONES VARIEES

Les études réalisées par notre équipe, sur les possibilités de couplage des esters acryliques α-acétoxylés et des énolates de β-dicétones aliphatiques[25], ont montré qu'en milieu hétérogène (liquide-solide) faiblement basique (K_2CO_3) et au reflux de l'éthanol, l'acétate allylique primaire fournit seulement l'α-méthylène-δ-cétoester (schéma 14).

schéma 14

Ces résultats ont pu être étendus aux acétates allyliques secondaires.

III-2- SUBSTITUTION D'ACETATES ALLYLIQUES SECONDAIRES PAR L'ENOLATE DE L'ACETYLACETONE

Dans le cadre des travaux cités ci-dessus[25] et afin de généraliser cette nouvelle méthode d'accès aux α-alkylidène-δ-cétoesters, il a été montré que la condensation de la pentane-2,4-dione ou l'acétylacétone sur différents acétates de type **2**, a permis de vérifier le mécanisme de la substitution de ces acétates fonctionnels par cet énolate. En effet, tout comme les composés organométalliques (cuprates lithiens et magnésiens ou bien organomagnésiens catalysés par des sels cuivreux), l'action des énolates de β-dicétones sur un acétate allylique secondaire, s'effectue selon un mécanisme S_N2'[26,27] et conduit à des α-alkylidène-δ-cétoesters et δ-cétonitriles (schéma 15).

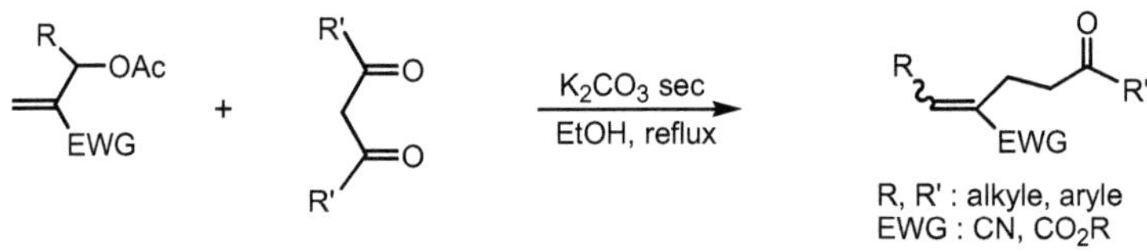

schéma 15

IV- SUBSTITUTION D'ACETATES ALLYLIQUES SECONDAIRES PAR L'ENOLATE DE L'ACETYLACETATE D'ETHYLE

Compte tenu des résultats mentionnés auparavant, il nous a paru prévisible d'obtenir des résultats similaires lorsque l'on traite nos acétates **2** par un énolate de β-cétoester dans des conditions opératoires proches de celles décrites ci-dessus.

En effet, la condensation d'un léger excès d'acétylacétate d'éthyle sur les accepteurs de Michael **2**, en présence d'un excès de carbonate de potassium anhydre et au reflux de l'éthanol absolu, conduit après substitution, *via* un réarrangement allylique du groupement acétoxyle et déacylation, à une série d'α-alkylidène glutarates de diéthyle **3(a-f)** (schéma 16).

schéma 16

Les différents α-alkylidène glutarates de diéthyle **3(a-f)** ainsi obtenus, sont regroupés dans le Tableau III (schéma 17).

schéma 17

Tableau III : Synthèse d'α-alkylidène glutarates de diéthyle 3(a-f)

Entrée	R	Temps (h)	Rdt (%)
3a	CH_3	16	42
3b	C_2H_5	18	39
3c	$^nC_3H_7$	22	31
3d	$^iC_3H_7$	24	30
3e	$^iC_4H_9$	22	35
3f	C_6H_5	28	43

Le degré d'avancement des réactions successives de substitution et de déacylation est contrôlé par chromatographie en phase gazeuse (CPG) et par chromatographie sur couche mince (CCM). Nous avons pu ainsi relever que :

- La substitution du groupement acétoxyle des substrats **3** par l'énolate de β-cétoester utilisé (acétylacétate d'éthyle) a lieu durant les quatre premières heures de contact.

- La réaction de déacylation dans notre cas (avec le β-cétoester) est beaucoup plus lente que celle observée dans le cas de l'acétylacétone (16-28 heures).

- On obtient deux stéréoisomères *Z* et *E*.

Notons que ces diesters sont obtenus avec des rendements relativement faibles en comparaison de ceux obtenus dans un travail antérieur réalisé dans notre laboratoire[25], où le nucléophile utilisé était l'énolate de β-dicétone (l'acétylacétone en particulier) pour conduire aux δ-cétoesters et δ-cétonitriles correspondants (schéma 15). Cet abaissement du rendement pourrait être expliqué essentiellement par deux facteurs :

1) La polymérisation rapide de ces dérivés acryliques s'expliquant par le fait que nous travaillons à reflux pendant un temps assez long. Cette condition est inévitable pour la déacylation. La condensation de l'acétate allylique et de l'énolate sodique de l'acétylacétate de méthyle, dans le THF à 0°C[28], conduit uniquement au produit de substitution (schéma 18).

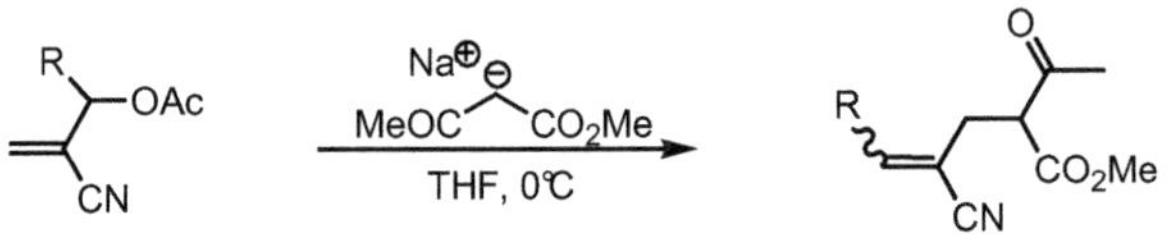

schéma 18

2) L'effet stérique du groupement éthoxyle ($-OC_2H_5$) qui se manifeste dans la deuxième étape de la réaction lors de la déacylation. Il est clair que la déacylation, dans le cas de β-dicétones symétriques, est beaucoup plus aisée que dans le cas de β–cétoester. L'approche de l'éthanol par suite de l'encombrement stérique engendré par ($-OC_2H_5$) semble plus difficile (schéma 19).

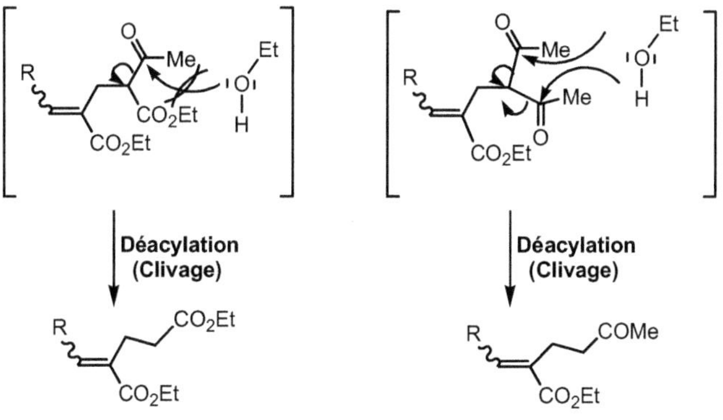

schéma 19

La présence de deux signaux vers les champs faibles relatifs à un proton vinylique permet d'affirmer l'existence simultanée dans chaque cas des deux formes stéréoisomères Z et E.

Les déplacements chimiques expérimentaux relatifs à chacun des protons éthyléniques (espacés de 1 ppm environ) de ces deux formes stéréoisomères sont aux erreurs expérimentales près, en concordance avec ceux calculés à partir de la formule semi-empirique dite Formule de Pascual[29]. Nous montrons, à titre indicatif, les déplacements chimiques calculés et expérimentaux pour un exemple représentatif de la série (Tableau IV).

Formule de Pascual

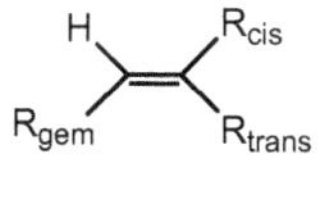

$$\delta_H = \delta_0 + \sum Zi \text{ avec}$$
$$\begin{cases} \delta_0 = \delta_{(CH2=CH2)} = 5.30 \text{ ppm} \\ \sum Zi = Z_{gem} + Z_{cis} + Z_{trans} \end{cases}$$

(*) Les Z_i sont des incréments tablés.

La différence entre les valeurs calculées et expérimentales des Z_i est généralement comprise entre 0,05 et 0,3ppm.

Tableau IV : Comparaison de déplacement chimique expérimentale et calculé

R	gem	Z	E	δ_H^{calc} ppm	δ_H^{exp} ppm
i-Pr CO₂Et / CO₂Et 3d (*E*)	^{i}Pr	CO₂Et	(CH₂)₂CO₂Et	6,69	6,61
	Zi 0,44	1,12	-0,17		
i-Pr CO₂Et / CO₂Et 3d (*Z*)	^{i}Pr	(CH₂)₂CO₂Et	CO₂Et	5.98	5,73
	Zi 0,44	-0,03	0,27		

L'examen des données RMN montre que la réaction est stéréosélective en faveur du stéréoisomère *E*.

Les différents pourcentages des formes *E* et *Z* ont été donc déterminés à partir des courbes d'intégration relatives aux protons éthyléniques des différents composés **3(a-f)** (Tableau V).

Tableau V : Proportion E / Z

Entrée	R	Forme *E(%)*	Forme *Z(%)*
3a	CH₃	85	15
3b	C₂H₅	79	21
3c	^{n}C₃H₇	65	35
3d	^{i}C₃H₇	97	3
3e	^{i}C₄H₉	100	0
3f	C₆H₅	91	9

Les rendements modestes avec lesquels nous avons isolé nos produits et les conditions délicates de leur obtention, ajoutés à la stéréosélectivité moyenne, nous ont incité à développer une seconde voie d'accès à cette nouvelle famille de diesters 1,5-α-alkylidéniques en partant directement de divers α-méthylène glutarates de dialkyle.

V- SYNTHESE D'α-METYLENE GLUTARATES DE DIALKYLE

Les glutarates de dialkyle α-méthyléniques sont bien connus en synthèse organique. Ils constituent d'excellents accepteurs de Michael et sont considérés comme des précurseurs potentiels de produits naturels et autres substrats doués d'activités biologiques intéressantes[20,30]. Cependant, peu de modes d'accès à ces composés sont décrits dans la littérature. A notre connaissance, les méthodes connues à ce jour sont au nombre de deux :

a- l'action du lithioacétate de *tert*-butyle en présence d'une quantité catalytique de sel de cuivre (I) dans l'éther à -80°C sur l'α-(acétoxyméthyl) acrylate d'éthyle[20] (schéma 20).

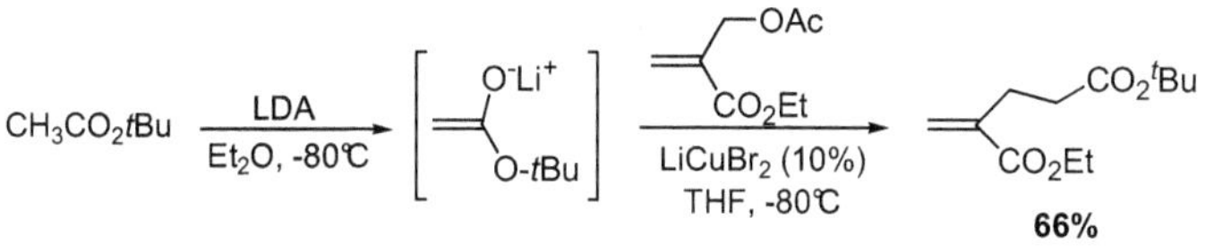

schéma 20

b- la dimérisation d'acrylates d'alkyle dans le THF en présence de *tris*-diméthylaminophosphine (HMPT)[31-33] ou de *tris*-(cyclohexyl)phosphine[34] utilisés en quantité catalytique.

Cette deuxième technique de synthèse de δ-diesters α-méthyléniques est plus facile à mettre en oeuvre, plus rentable et a été adoptée, par conséquent, pour préparer les α-méthylène glutarates de dialkyle **4(a-c)** utilisés au cours de ce travail (schéma 21).

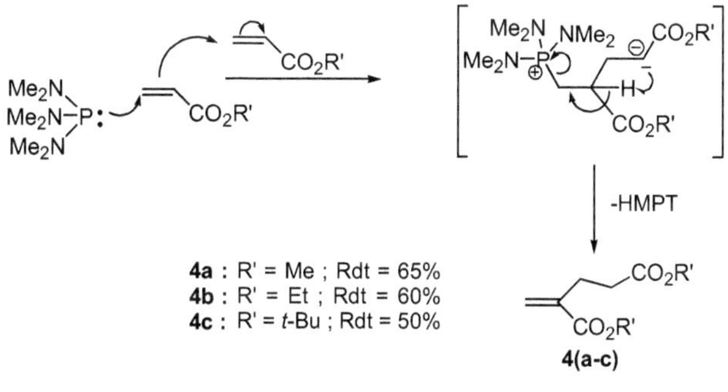

4a : R' = Me ; Rdt = 65%
4b : R' = Et ; Rdt = 60%
4c : R' = *t*-Bu ; Rdt = 50%

schéma 21

VI- REACTION D'HALOGENATION DES ESTERS α,β-INSATURES

VI-1- Rappels Bibliographiques

L'halogénation des systèmes insaturés simples ou fonctionnels a fait l'objet de plusieurs travaux. Nous citons dans ce qui suit, quelques exemples réservés à la bromation des systèmes insaturés.

L'addition du brome sur le cinnamate d'éthyle dans le tétrachlorure de carbone à 0°C conduit au composé dibromé correspondant avec un bon rendement[35] (schéma 22).

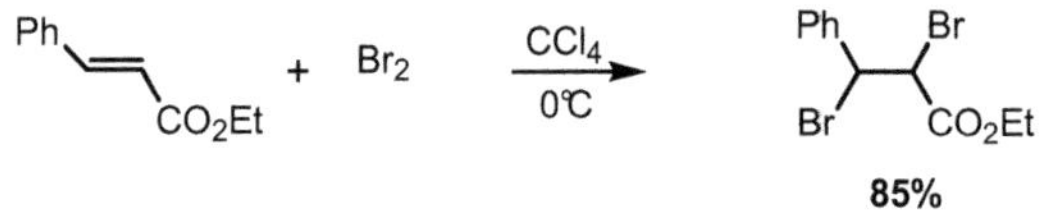

$$Ph\text{-}CH=CH\text{-}CO_2Et + Br_2 \xrightarrow{CCl_4, 0°C} Ph\text{-}CHBr\text{-}CHBr\text{-}CO_2Et \quad 85\%$$

schéma 22

Bien que cette réaction soit facilement réalisable sur des systèmes fonctionnels α,β-insaturés, elle est cependant difficile à mettre en œuvre sur des alcools allyliques. Toutefois, ces réactions ont été étudiées par KLAGES[36] au début de siècle puis reprises plus tard par MOUREU[37] qui n'ont obtenu que des produits tribromés (schéma 23).

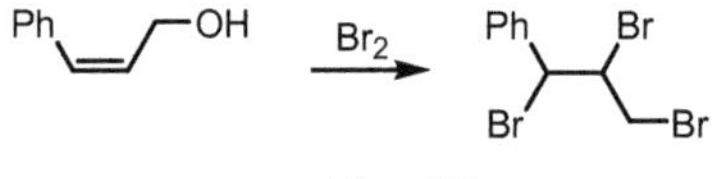

$$Ph\text{-}CH=CH\text{-}CH_2OH \xrightarrow{Br_2} Ph\text{-}CHBr\text{-}CHBr\text{-}CHBr$$

schéma 23

Néanmoins, des travaux effectués dans notre laboratoire[38] ont montré que l'addition de l'α-hydroxyméthylacrylate d'éthyle à un mélange équimolaire de N-bromosuccinimide (NBS) et le fluorhydrate de triéthylamine triacide (Et$_3$N.3HF) dans le dichlorométhane[39] à 0°C fournit uniquement le produit de dibromation avec un rendement de 30%. Ce rendement a été amélioré (50%) par utilisation d'une suspension de NBS (2équiv.) dans l'eau en présence de quelques gouttes d'acide sulfurique concentré à 0°C (schéma 24).

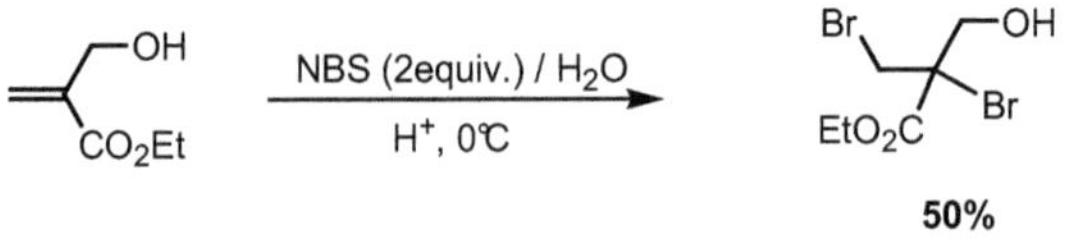

$$CH_2=C(CO_2Et)\text{-}CH_2OH \xrightarrow{NBS (2equiv.)/H_2O, H^+, 0°C} BrCH_2\text{-}C(Br)(CO_2Et)\text{-}CH_2OH \quad 50\%$$

schéma 24

VI-2- BROMATION D'α-MÉTHYLÈNE GLUTARATES DE DIALKYLE

La fixation d'une mole de brome sur la double liaison portant deux groupements gem-bifonctionels est réalisée en ajoutant un léger excès de brome à une solution de diester **4** dans le tétrachlorure de carbone anhydre[40]. Cette réaction est relativement lente à la température ambiante (12 heures). Cependant, quand le mélange réactionnel est porté à une température de 78°C (reflux de CCl_4), la durée de la réaction est sensiblement réduite (1 à 2 heures). Les produits dibromés **5(a-c)** ainsi formés sont uniques et obtenus avec de bons rendements (schéma 25).

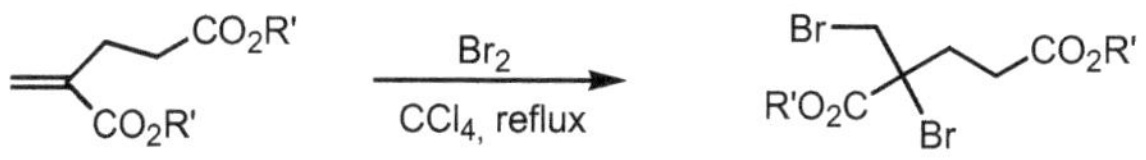

schéma 25

Les différents rendements en dérivés dibromés obtenus après distillation, sont reportés dans le Tableau VI.

Tableau VI : rendements en dérivés dibromés

Entrée	R	Rdt (%)
5a	Me	84
5b	Et	88
5c	^{t}Bu	88

VI-3- ACTION DES IONS FLUORURES SUR LES DIESTERS DIBROMES 5 : SYNTHÈSE STEREOSLECTIVE D'ESTER ACRYLIQUES α,β-INSATURES-β-BROMES

Le fluorure de potassium KF avec ou sans catalyseur dans un solvant polaire tel que : CH_2Cl_2, DMF, CH_3CN ou même l'hexaméthylphosphoramide (HMPA) est sans action sur ces esters dibromés.

Par contre les fluorures de tétraalkylammonium di ou trihydratés ($R_4NF.nH_2O$, R = Et, nBu ; n = 2, 3) s'avèrent être les réactifs de choix pour réaliser l'élimination de l'acide bromhydrique. En effet, l'emploi d'un léger excès de fluorure de tétraalkylammonium hydraté[41,42] dans un solvant aprotique et fortement polaire tel que le HMPA à la température ambiante, a permis d'obtenir d'une manière régio et stéréosélective, les produits d'élimination souhaités **6(a-c)** avec d'excellents rendements[40] (schéma 26).

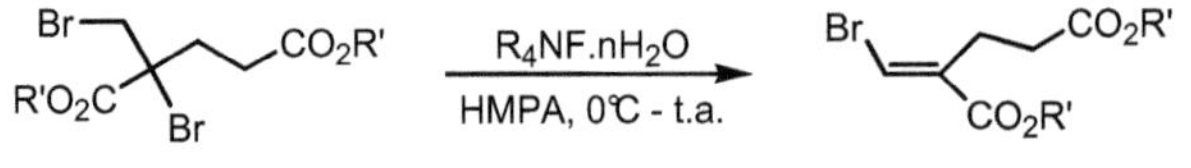

$$\underset{\textbf{5(a-c)}}{\text{Br}\diagdown\text{C(CO}_2\text{R')(Br)}\diagdown\text{CH}_2\text{CO}_2\text{R'}} \xrightarrow[\text{HMPA, 0°C - t.a.}]{\text{R}_4\text{NF.nH}_2\text{O}} \underset{\textbf{6(a-c)}}{\text{Br}\diagdown\text{C=C(CO}_2\text{R')}\diagdown\text{CH}_2\text{CO}_2\text{R'}}$$

schéma 26

L'élimination régiosélective de l'acide bromhydrique pourrait être expliquée par l'acidité plus importante du proton H_β comparée à celle de son homologue $H_{\beta'}$. La stéréosélectivité est due vraisemblablement aux effets stériques, comme le montrent les projections de Newman des deux conformères 5_{gauche} et $5'_{gauche}$ du composé dibromé. Il apparaît clairement que la conformation $5'_{gauche}$ est la plus favorable pour l'élimination antipériplanaire (pas de répulsion Br – CO_2R'). L'élimination conduit, avec une stéréosélectivité totale au stéréoisomère ***E***, et ainsi à une série de (*E*)-α-bromométhylène glutarates de dialkyle **6(a-c)** (schéma 27).

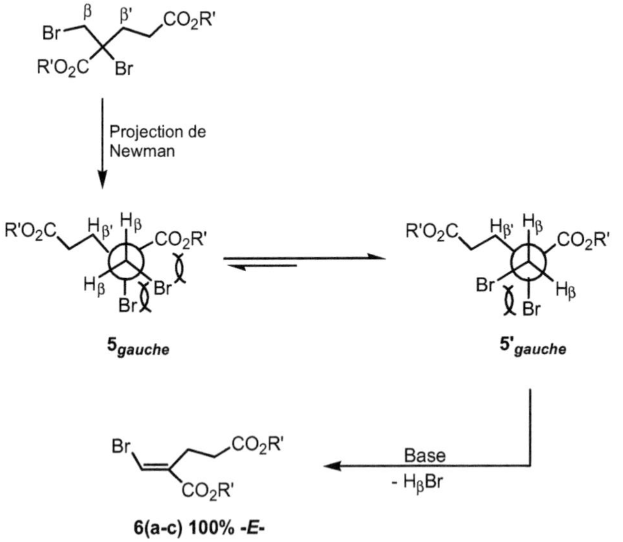

schéma 27

Les différents produits de déshydrobromation sont consignés dans le Tableau VII.

Tableau VII : diester β-bromovinyliques synthétisés

Entrée	R'	Rdt (%)
6a	Me	83
6b	Et	76
6c	^{t}Bu	73

VII- REACTIVITE ELECTROPHILE DES HALOGENURES VINYLIQUES FONCTIONNELS 6

VII-1- DONNEES BIBLIOGRAPHIQUES

C'est à partir de 1963, que les halogénures vinyliques portant en β un groupement électroattracteur (nitrile, cétone, aldéhyde ou ester) ont commencé à être décrits et utilisés en synthèse organique. Les premiers travaux dans ce cadre ont été réalisés par SCOTTI et FRAZZA[43]. Ils ont permis de vérifier qu'il est possible de remplacer l'atome d'halogène vinylique par divers réactifs nucléophiles (amines, alkoxydes, phosphite etc.).

Dans le cas où les nucléophiles sont des amines, SCOTTI et Coll.,[43] ont montré que les amines primaires réagissent rapidement sur les β-chloroacrylonitriles (E ou Z) à une température relativement basse (0-20°C) dans l'éther ou le benzène, pour conduire avec de bons rendements aux énamines recherchées (schéma 28).

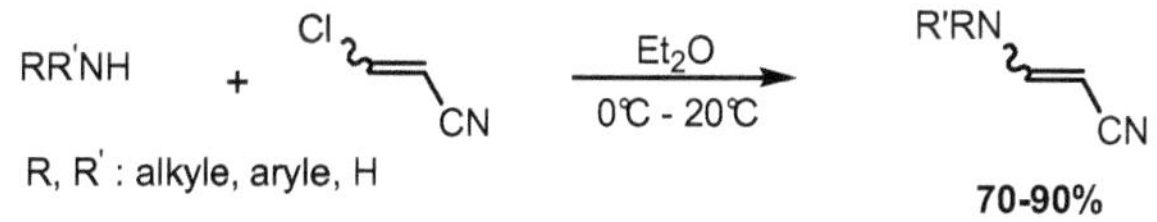

schéma 28

Cette substitution nucléophile d'halogène vinylique a été étendue à d'autres composés halovinyliques notamment les cétones[44], les aldéhydes[45] et les esters[46]. Nous citons dans ce qui suit quelques travaux réservés à la substitution d'halogène vinylique en β d'un groupement électroattracteur.

TRUCE et Coll.,[46] ont rapporté que la substitution d'un atome de chlore en β d'un ester α,β-insaturé est possible par utilisation du benzothiolate sodique, pour conduire avec rétention de configuration, à l'oléfine fonctionnelle trisubstituée avec un bon rendement (schéma 29).

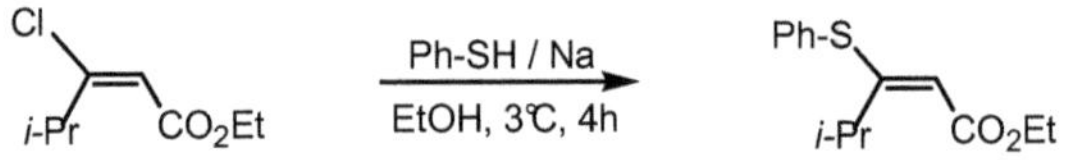

schéma 29

Dans la continuité de leurs travaux, les mêmes auteurs ont pu isoler une énamine fonctionnelle, suite à la substitution d'un chlore vinylique par la diéthylamine[44] (schéma 30).

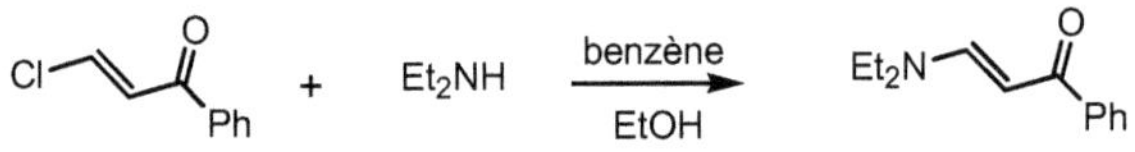

schéma 30

Récemment, une étude effectuée dans notre laboratoire[47] sur la réactivité de l'α-bromométhylène glutarate de diméthyle **6a** de configuration (*E*) vis-à-vis d'amines primaires et secondaires, a montré que la substitution du brome vinylique constitue une voie prometteuse d'accès à des énamines fonctionnelles tant recherchées en synthèse organique (schéma 31).

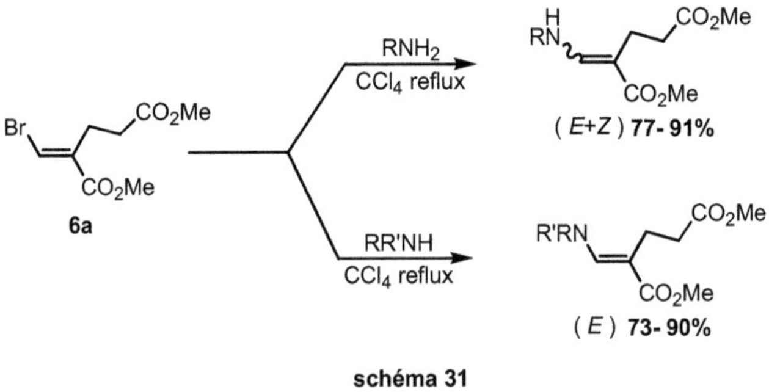

schéma 31

Le mécanisme de cette réaction de substitution d'halogénures vinyliques activés monofonctionnels a conduit à de nombreux travaux et est toujours sujet à controverse.

Cette substitution d'halogène éthylénique pourrait être le résultat soit d'une élimination-addition[48], soit d'une addition-élimination[49] ou bien d'une substitution directe[50,51] (schéma 32).

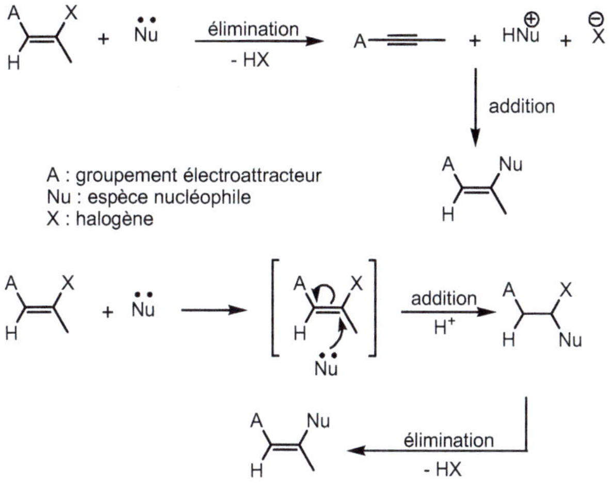

schéma 32

Afin de valoriser nos substrats et dans le but d'étudier leur comportement électrophile, nous avons opposé nos (*E*)-α-bromométhylène glutarates de dialkyle **6(a-c)** à des nucléophiles bien connus en synthèse organique, à savoir les organocuprates.

VII-2- RAPPELS BIBLIOGRAPHIQUE SUR LES ORGANOCUIVRES

Il est bien connu depuis des dizaines d'années que les organocuivres constituent un outil de base en synthèse organique pour la création de nouvelles liaisons carbone-carbone[52]. Ces réactifs organométalliques sont réputés être des nucléophiles de choix pour réaliser des réactions de substitutions et surtout des réactions d'additions conjuguées sur des accepteurs de Michael.

La plupart des méthodes d'accès aux composés organocuivreux font appel à un halogénure de cuivre comme source métallique. En effet, quand des sels cuivreux (CuX, X = Cl, Br, I, etc.) sont additionnés aux organolithiens ou organomagnésiens dans des solvants appropriés et selon la stœchiométrie des réactifs, de nouveaux organométalliques sont alors obtenus tels que les monoorganocuivreux, les homocuprates, les cuprates mixtes et les cuprates d'ordre supérieur.

VII-2-1- Monoorganocuivreux : R-Cu

Les organocuivreux sont généralement préparés par condensation équimolaire d'un organolithien ou organomagnésien sur les sels de cuivre (I)[53-55]. L'organolithien peut être utilisé soit dans l'éther avec LiX soit dans l'hexane sans sel.

$$RM + CuX \xrightarrow{Et_2O \text{ ou } THF} RCu + MX$$

R : alkyle ou aryle   M : Li, MgX   X : Cl, Br, I, CN

La réactivité des monoorganocuivreux est en général augmentée par complexation avec les acides de Lewis tels que le trifluorure de bore[56] (schéma 33).

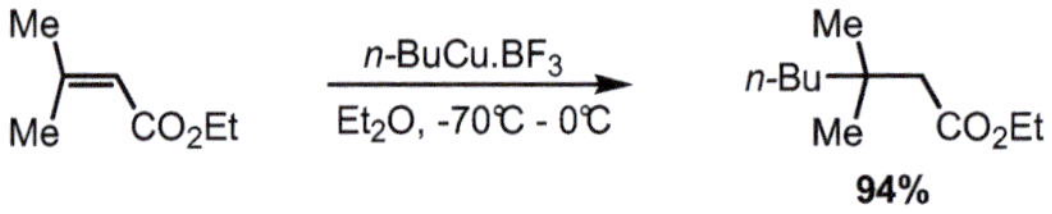

$$\underset{Me}{\overset{Me}{>}}=\underset{CO_2Et}{} \xrightarrow[Et_2O, -70°C - 0°C]{n\text{-BuCu.BF}_3} \underset{Me}{\overset{Me}{\underset{n\text{-Bu}}{|}}}-CO_2Et \quad 94\%$$

schéma 33

VII-2-2- Homocuprates et cuprates mixtes

a / Homocuprates ou cuprates symétriques : R_2CuM

Les homocuprates ou cuprates symétriques appelés aussi réactifs de GILMAN[57-59], sont habituellement préparés à basse température dans l'éther ou le THF anhydre par addition de deux équivalents d'organomagnésien (réactif de Grignard) ou d'organolithien, préalablement dosés, à un sel de cuivre (I).

$$2\,RM + CuX \xrightarrow[\text{basse température}]{Et_2O \text{ et/ou } THF} R_2CuM + MX$$

M : Li, MgX

Cette réaction est parfois réalisée en présence de ligands (phosphines, phosphites, sulfures...) permettant de solubiliser les sels de cuivre. Les homocuprates peuvent également être préparés " *in situ* " par ajout d'un organomagnésien (plus rarement un lithien) en présence d'une quantité catalytique de sel de cuivre ($\leq$ 10% molaire). Ces nouveaux cuprates sont généralement plus stables que leurs homologues monoorganocuivreux et se révèlent être des nucléophiles plus mous que les dérivés organométalliques de départ (lithiens et magnésiens). Ils réagissent préférentiellement dans le THF ou dans un mélange THF-Et$_2$O et sont généralement utilisés dans les réactions d'addition conjuguée.

b / Cuprates mixtes : RR'CuMgX

Les cuprates mixtes sont préparés à partir d'un mélange équimolaire d'un organocuivreux et d'organolithien ou magnésien.

$$RM + R'Cu \xrightarrow[\text{basse température}]{\text{Et}_2\text{O ou THF}} RR'CuM + MX$$
$$M : Li, MgX$$

Ces cuprates mixtes ont l'avantage d'être plus stables que leurs homologues symétriques. Lors d'une réaction faisant intervenir ces cuprates, un seul groupement est transféré préférentiellement pour une éventuelle substitution nucléophile ou une addition conjuguée. Cette méthode est particulièrement attrayante lorsque le groupement transféré possède une haute valeur ajoutée.

VII-2-3- Cuprates d'ordre supérieur

Les cuprates d'ordre supérieur sont assez peu connus[60]. Leur utilisation est limitée généralement à des réactions de synthèse très sélectives et remplacent leurs homologues inférieurs lorsque ces derniers s'avèrent être inefficaces. Ils peuvent être préparés à partir d'organolithiens ou d'organomagnésiens et de sels de cuivre (I). Selon la stœchiométrie employée on distingue :

$$3\ RM\ +\ 2\ CuX \longrightarrow R_3Cu_2M\ +\ 2\ MX$$

$$5\ RM\ +\ 3\ CuX \longrightarrow R_5Cu_3M_2\ +\ 3\ Mx$$

Nous étendons notre aperçu bibliographique concernant les réactifs organocuivreux et leur mécanisme d'addition conjugué dans le chapitre III.

VIII- ACTION D'ORGANOMAGNESIENS EN PRESENCE D'UNE QUANTITE CATALYTIQUE DE Cu(I) SUR LES BROMURES VINYLIQUES 6

La substitution de l'atome de brome vinylique par un groupement R transféré par l'intermédiaire d'un cuprate-magnésien à basse température dans le THF anhydre, a permis d'accéder d'une manière univoque et avec de bons rendements[61], à une large série d'α-alkylidène glutarates de dialkyle **7(a-o)** (schéma 34).

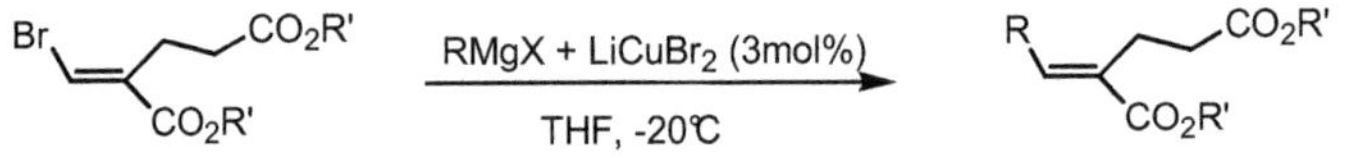

schéma 34

En effet l'addition de deux à trois équivalents d'organomagnésien préalablement dosé à un mélange d'α-bromométhylène glutarate de dialkyle **6** et une quantité catalytique (3mol %) de sel mixte cupro-lithien ($LiCuBr_2$) à basse température conduit, selon le mécanisme réactionnel proposé ci-dessous, à la substitution directe de l'ion bromure vinylique, et à l'obtention du δ-diester α-alkylidénique **7**. Cette substitution résulte d'une attaque régiosélective du nucléophile organométallique sur le carbone éthylénique porteur de l'atome de brome vinylique suivie d'une élimination (schéma 35).

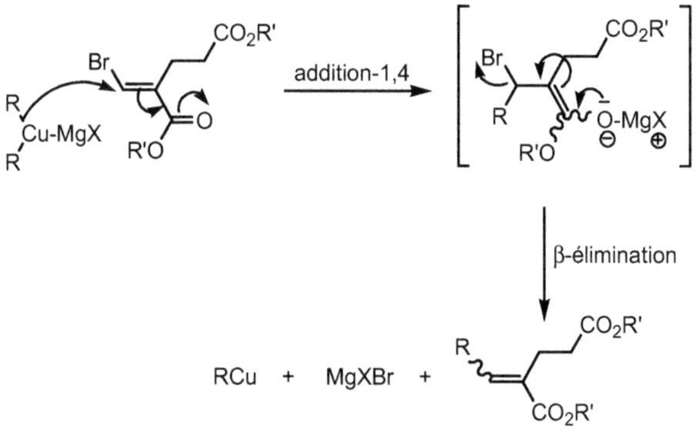

schéma 35

L'emploi d'une quantité catalytique de LiCuBr$_2$ (3mol%), comme source de cuivre, constitue un des points importants de cette réaction. La réaction commence par la formation " *in situ* " de l'espèce homocuprate, à partir de l'organomagnésien en présence de sel de cuivre, puis un groupement R est transféré au cours de la substitution de l'atome de brome vinylique et un organocuivreux est ainsi régénéré dans le milieu réactionnel. Ce dernier se trouvant en présence d'un organomagnésien forme à nouveau l'espèce homocuprate tout en assurant un cycle catalytique[61] (schéma 35).

Les différents réactifs organomagnésiens préparés et les rendements en α-alkylidène glutarates de dialkyle **7(a-o)** ainsi synthétisés sont reportés dans le Tableau VIII.

Tableau VIII : *δ-diesters α-alkylidéniques 7(a-o) synthétisés.*

R'	RMgX (équiv.)	Produit	Rdt (%)
Me	MeMgI (2,4)	7a	93
	^{i}PrMgBr (2,3)	7b	70
	BnMgCl (2,6)	7c	81
	^{t}BuMgCl (2,3)	7d	92
	^{n}BuMgBr (2)	7e	73
Et	^{i}PrMgBr (2,2)	7f	72
	BnMgBr (2,8)	7g	64
	^{c}HexMgCl (2,9)	7h	72
	^{t}BuMgCl (3)	7i	84
	^{n}BuMgBr (2)	7j	71
t-Bu	^{i}PrMgBr (2)	7k	72
	BnMgBr (2,8)	7l	62
	^{c}HexMgCl (3)	7m	66
	^{t}BuMgCl (3)	7n	74
	^{n}BuMgBr (2,5)	7o	65

D'après les spectres RMN du proton, on peut affirmer que la synthèse de ces glutarates α-alkylidéniques a été réalisée de manière hautement stéréosélective, voire dans certains cas avec une stéréosélectivité totale, en faveur du stéréoisomère *E*. En effet, le calcul des diverses proportions des deux formes stéréoisomères, basé sur les courbes d'intégration relatives au seul proton éthylénique des différents composés **7(a-o)** a montré une nette prédominance du stéréoisomère (*E*) par rapport au stéréoisomère (*Z*) (Tableau IX).

$$\begin{array}{c} \text{R} \diagdown \text{CO}_2\text{R'} \\ \text{CO}_2\text{R'} \\ \textbf{7(a-o)} \\ E/Z : 91\text{-}100 / 9\text{-}0 \end{array}$$

Tableau IX : Proportions relatives des stéréoisomères E / Z

Entrée	R	Forme E (%)	Forme Z (%)
7a	Me	100	0
7b	^{i}Pr	98	2
7c	PhCH$_2$	100	0
7d	^{t}Bu	100	0
7e	^{n}Bu	92	8
7f	^{i}Pr	94	6
7g	PhCH$_2$	98	2
7h	^{c}Hex	93	7
7i	^{t}Bu	100	0
7j	^{n}Bu	93	7
7k	^{i}Pr	100	0
7l	PhCH$_2$	92	8
7m	^{c}Hex	94	6
7n	^{t}Bu	100	0
7o	^{n}Bu	91	9

Notons que ces glutarates α-alkylidéniques sont peu connus dans la littérature. A notre connaissance, seul BASAVAIH et Coll.,[62] ont pu accéder à ces produits en condensant l'orthoacétate de triéthyle sur l'ester acrylique α-hydroxyalkylé en présence de quelques gouttes d'acide propionique à 145°C (schéma 36).

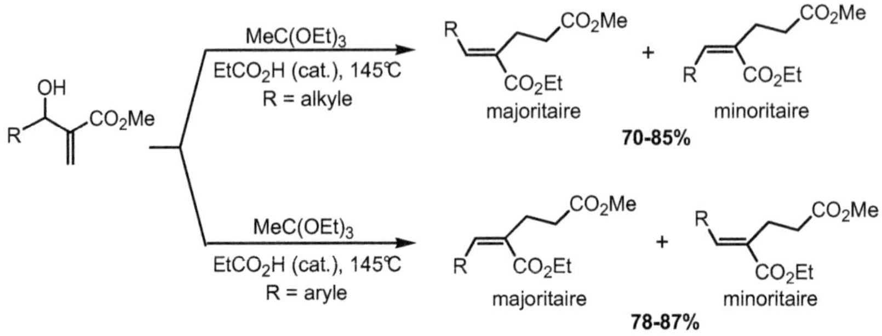

schéma 36

La stéréosélectivité moyenne observée lors de ce réarrangement de Johnson-Claisen[62], peut être expliquée, selon ces auteurs, en invoquant des interactions stériques entre les substituants présents dans les états de transition de type chaise représentés ci-dessous (schéma 37).

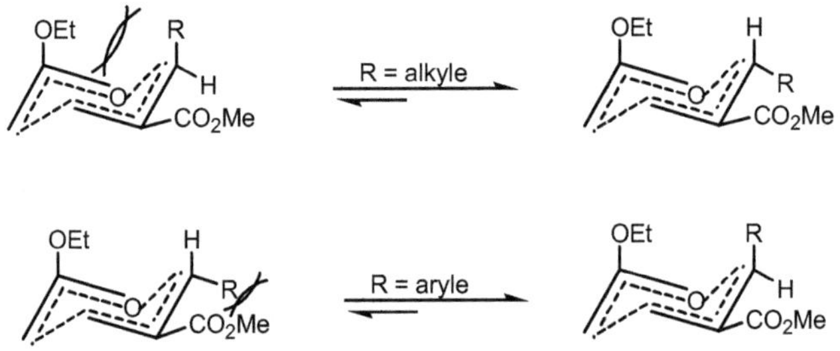

schéma 37

IX- CONCLUSION

Dans ce chapitre, nous avons développé deux nouvelles méthodes d'accès à une famille de δ-diesters α-alkylidéniques **3** et **7**. La première méthode constitue une contribution supplémentaire aux travaux effectués ces dernières années dans notre laboratoire sur la réactivité des esters acryliques α-acétoxyalkylés vis-à-vis de divers nucléophiles. Nous avons étudié le comportement électrophile de ces acétates allyliques secondaires (adduits de Baylis-Hilman) vis-à-vis d'un énolate de β-cétoester simple (acétylacétate d'éthyle), et nous avons ainsi obtenu une série d'α-alkylidène glutarates de diéthyle **3(a-f)**. Ces derniers sont obtenus de manière peu stéréosélective avec des rendements modestes via des conditions opératoires délicates. Ce résultat nous a incité à proposer une seconde voie d'accès à cette nouvelle famille de diester.

*P*ar ailleurs, nous avons montré selon cette deuxième voie qu'il est possible de déplacer un atome de brome vinylique par un nucléophile organométallique à basse température pour conduire, d'une manière univoque et hautement stéréosélective, à une série d'α-alkylidène glutarates de dialkyle **7(a-o)**, pouvant avoir des applications en synthèse organique.

BIBLIOGRAPHIE

1. Hing-Hou Liu, S. *J. Org. Chem.* **1977**, *42*, 3209 et références citées.
2. Kupchan, S. M.; Giaccope, T. J.; Krull, I. S. *Tetrahedron Lett.* **1970**, *33*, 2859.
3. Johnson, M. R. *J. Org. Chem.* **1986**, *51*, 833 et références citées.
4. Bernardi, A.; Beretta, M. G.; Colombo, L.; Gennari, C.; Poli,G.; Scolastico,C. *J. Org. Chem.* **1985**, *50*, 4442.
5. Brand, M.; Drews, S. E.; Rcos, G. H. P. *Synth. Commun.* **1986**, 833.
6. Papageorgiou, C.; Benezra, C. *Tetrahedron Lett.* **1984**, *25*, 1303.
7. Bernardi, A.; Cardani, S.; Gennari, S.; Poli, G.; Scolastico, C. *Tetrahedron Lett.* **1985**, *26*, 6509.
8. Villiéras, J.; Rambaud, M. *Synthesis* **1982**, 924.
9. Villiéras, J.; Rambaud, M. *Synth. Commun.* **1983**,300.
10. (a) Baylis, A. B.; Hillman, M. E. *Brevet allemand 2155113* (Mai **1972**) (b) *Chem. Abst.* **1972**, *77*, 34174q.
11. Amri, H.; Villiéras, J. *Tetrahedron Lett.* **1986**, *27*, 4307.
12. Amri, H.; El Gaïed, M. M.; Villiéras, J. *Synth. Commun.* **1990**, *20*, 659.
13. Hoffman, H. M. R.; Rabe, J. *J. Org. Chem.* **1985**, *50*, 3849.
14. Kundu, M. K.; Mukherjee, S. B.; Balu, N.; Padmakumar, R.; Bhat, S. V. *Synlett* **1994**, 444.
15. Hill, J. S.; Isaacs, N. S. *Tetrahedron Lett.* **1986**, *27*, 5007.
16. Mikako, K.; Shu, K. *Tetrahedron Lett.* **1999**, *40*, 1539.
17. Rezgui, F.; El Gaïed, M. M. *Tetrahedron Lett.* **1998**, *39*, 5965.
18. Rezgui, F.; Amri, H.; El Gaïed, M. M. *Tetrahedron* **2003**, *59*, 1369.
19. (a) Kataoka, T.; Iwama, T.; Tsujiyama, S.; Iwamura, S. *Tetrahedron* **1988**, *54*, 11813 (b) Kawamura, M; Kobayashi, S. *Tetrahedron Lett.* **1999**, *40*, 1539.
20. Amri, H.; Rambaud, M.; Villiéras, J. *Tetrahedron Lett.* **1989**, *30*, 7381.
21. Amri, H.; Rambaud, M.; Villiéras, J. *J. Organomet. Chem.* **1990**, *1*, 384.
22. Amri, H.; Rambaud, M.; Villiéras, J. *J. Organomet. Chem.* **1986**, *308*, C27.
23. Cazeau, P.; Moulines, F.; Laport, O.; Duboudin, F. *J. Organomet. Chem.* **1980**, *201*, C9.

24. Drewes, S. E.; Emslie, N. D. *J. Chem. Soc. Perkin Trans. I* **1982**, *18*, 2082.
25. Beltaif, I.; Amri,H. *Synth. Commun.* **1994**, *24*, 2003.
26. Anderson, R. I.; Henrick, C. A.; Siddall, J. B. *J. Am. Chem. Soc.* **1970**, *92*, 735.
27. Goring, H. L.; Kantner, S. S.; Seitz, E. P. *J. Org. Chem.* **1985**, *50*, 5495.
28. Hbaïeb, S.; Ben Ayed, T.; Amri, H. *Synth. Commun.* **1997**, *27*, 2825.
29. Pascual, C.; Meier, J.; Simon, W. *Helv. Chim. Acta* **1966**, *49*, 164.
30. Ohler, E.; Reininger, K.; Schmidt, M. *Angew. Chem.* **1970**, *91*, 454.
31. (a) Myman, F. *Imperial Chem. Indu.*, Ltd. Brit. Patent 11003550 **1965** (b) *Chem. Abst.* **1968**, *69*, 10093W.
32. (a) Kitasume, S. *Mitsubishi Petrochemical Co. Japan. Kokai*, **1977**, *77*, 105 (b) *Chem. Abst.* **1978**, *88*, 89131f.
33. (a) Nemec, J. W.; Wuchter, R. B. *Rohn and Haas Co.*, US. Patent **1979**, *4*, 145, 559 (b) *Chem. Abst.* **1979**, *91*, 49609
34. Cookson, R. C.; Smith, S. A. *J. Chem. Soc. Perkin I* **1979**, 2447.
35. Abbot, T. W.; Althousen, D. *Org. Synth. Coll., Vol. II.*, **1943**, 270.
36. Klages, I.; Klenk, A. *Chem. Ber.* **1906**, *39*, 2553.
37. Moureu and Gallagher *Bull. Soc. Chim. Fr.* **1921**, *29*, 1010.
38. Ben Ayed, T. *Thèse de spécialité*, Faculté des Sciences de Tunis **1992**.
39. Guss, C. O.; Rosenthal, R. *J. Am. Chem. Soc.* **1955**, *77*, 2549.
40. Amri, H.; Ben Ayed, T.; El Gaïed, M. M. *Synth. Commun.* **1995**, *25*, 2981 et références citées.
41. Bartsch, R. A. *J. Org.Chem.* **1970**, *35*, 1023.
42. Cholet, A.; Hagenbuch, J. P.; Vogel, P. *Helv. Chim. Acta* **1979**, *62*, 511.
43. Scotti, F.; Frazza, J. *J. Org. Chem.* **1964**, *29*, 1800.
44. Truce, W. E.; Gorbaty, M. L. *J. Org. Chem.* **1970**, *35*, 2113.
45. Gagan, J. M. F., Lioyd, D. *J. Chem. Soc.* **1970**, 2484.
46. Truce, W. E.; Pizey, J. S. *J. Org. Chem.* **1965**, *30*, 4355.
47. Amri, H.; Ben Ayed,T.; El Gaïed, M. M. *J. Soc. Chim. Tun.* **1992**, *3*, 219.
48. Chalchat, J. C.; Théron, F.; Vessière, R. *Bull. Soc. Chim. Fr.* **1970**, 4486.
49. Miller, S. I.; Yonan, P. K. *J. Am. Chem. Soc.* **1957**, *79*, 5931.
50. Marchese, G.; Modena, G.; Naso, F. *Tetrahedron* **1968**, *24*, 663.
51. Ghersetti, S.; Lugli, G.; Melloni, G.; Modena, G.; Todesco, P.E.; Vivarelli, P. *J. Chem. Soc.* **1965**, 2227.

52. Perlmutter, P. " *Conjugated Addition Reactions in Organic Synthesis*", Tetrahedron Organic Chemistry Series, **1992** (vol 9) Pergamon Press, Oxford.
53. Coattes, G. E. " *Organometallic Compounds*", 2nd Edit. Methuen et Co. London **1986**.
54. Gilman, H.; Straley, J. H. *Rec. Trav. Chim.* Pays-Bas **1936**, *55*, 821.
55. Gilman, H.; Jones, R. G.; Woods, L. A. *J. Org. Chem.* **1952**, *17*, 1630.
56. (a) Boot, H. S.; Martin, D. R. " *Boron trifluoride and its derivates* ", Wiley, New York **1964**, 61 (b) Steinberg, H." *Organocarbon Chemistry* ", Wiley, New York, **1964**, *1*, 793 (c) Muruyama, K.; Yamamoto, Y. *J. Am. Chem. Soc.* **1977**, *99*, 8086.
57. House, H. O.; Respess, W. L.; Whitesides, G. M. *J. Am. Chem. Soc.* **1966**, *31*, 3128.
58. Corey, E. J.; Posner, G. H. *J. Am. Chem. Soc.* **1967**, *89*, 3911.
59. Corey, E. J.; Posner, G. H. *J. Am. Chem. Soc.* **1968**, *90*, 5615.
60. (a) Ashby, E. C.; Lin, J. J. *J. Org. Chem.* **1977**, *42*, 2805 (b) Bergboitier, D. E.; Killough J. M. *J. Org. Chem.* **1983**, *48*, 3334.
61. Samarat, A.; Lebreton, J.; Amri, H. *Synth. Commun.* **2001**, *31*, 1675.
62. Basavaih, D.; Pandiaraju, S.; Krishnamacharyulu, M. *Synlett* **1996**, 747.

EXPERIMENTAL SECTION

General Remarks

^{1}H and ^{13}C Nuclear Magnetic Resonance were recorded on a Jeol C-HL 60 MHz, Bruker AC-200 FT (^{1}H: 200 MHz, ^{13}C: 67 MHz), and on a Bruker AC-300 FT (^{1}H: 300 MHz, ^{13}C: 75 MHz) using CDCl$_3$ as solvent and TMS as an internal reference. The chemical shifts (δ) and coupling constants (J) are respectively expressed in ppm and Hz.

IR spectra were recorded on a Perkin Elmer Paragon 1000PC spectrophotometer. The wave number (ν) is expressed in cm^{-1}.

Mass spectra MS were recorded on a Hewlett Packard 5989A apparatus (EI with 70 eV ionisation potential).

Melting points were not corrected and were determined by using a Büchi Totolli apparatus.

Reactions' progress were monitored by an Intersmat 20M gaz chromatograph using 3m × 3mm column packed with 10% SE 30 and by TLC on silica gel plates (Fluka Kieselgel 60 F$_{254}$).

For column chromatography, Fluka Kieselgel 70-230 mesh was used. Proportions of eluents are expressed in volume to volume (v:v).

All anhydrous and inert atmosphere reactions were performed under nitrogen gas. The solvents were dried previously. Tetrahydrofuran and diethyl ether were distilled from sodium and benzophenone before to use.

Synthesis of alcohols 1(a-f)

General procedure: Typically, a mixture of ethyl acrylate (0.1 mol), DABCO (0.01 mol, 10 mol%) and aldehyde (0.11 mol, 1.1 equiv.) was stirred neat at room temperature for 6 days. Excess of ethyl acrylate was removed in vacuo. The residue was washed with a saturated solution of NH$_4$Cl then extracted with ether (3 × 100 mL). The organic layer was washed with brine, dried over MgSO$_4$, filtered and evaporated under reduced pressure. The crude product was distilled under reduced pressure to give alcohols **1(a-f)**.

Spectral data of alcohols 1(a-f)

3-Hydroxy-2-methylene butanoic acid ethyl ester **1a**

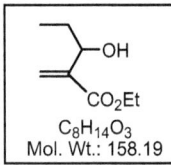

C$_7$H$_{12}$O$_3$
Mol. Wt.: 144.17

Colorless liquid, b.p. 45°C/0.4 mmHg; ^{1}H NMR (60 MHz, CDCl$_3$): δ = 6.31 (s, 1H, =CH_2), 5.83 (s, 1H, =CH_2), 4.60 (q, J = 7.0, 1H, CH), 4.21 (q, J = 7.2, 2H, OCH$_2$), 2.80 (s, 1H, OH), 1.42 (d, J = 7.0, 3H, CH$_3$), 1.29 (t, J = 7.2, 3H, CH$_3$).

3-Hydroxy-2-methylene pentanoic acid ethyl ester **1b**

C$_8$H$_{14}$O$_3$
Mol. Wt.: 158.19

Colorless liquid, b.p. 48°C/0.4mmHg; ^{1}H NMR (60 MHz, CDCl$_3$): δ = 6.38 (s, 1H, =CH_2), 5.82 (s, 1H, =CH_2), 4.50 (t, J = 7.0, 1H, CH), 4.24 (q, J = 7.1, 2H, OCH$_2$), 2.47 (s, 1H, OH), 1.7 (m, 2H, CH$_2$), 1.31 (t, J = 7.1, 3H, CH$_3$), 1.2 (t, J = 7.0, 3H, CH$_3$).

3-Hydroxy-2-methylene hexanoic acid ethyl ester **1c**

C$_9$H$_{16}$O$_3$
Mol. Wt.: 172.22

Colorless liquid, b.p. 54°C/0.4mmHg; ^{1}H NMR (60 MHz, CDCl$_3$): δ = 6.40 (s, 1H, =CH_2), 5.80 (s, 1H, =CH_2), 4.50 (t, J = 7.0, 1H, CH), 4.21 (q, J = 7.0, 2H, OCH$_2$), 1.55-1.62 (m, 4H, 2CH$_2$), 1.3 (t, J = 7.0, 3H, CH$_3$), 0.96 (t, J = 7.3, 3H, CH$_3$).

3-Hydroxy-2-methylene-4-methyl pentanoic acid ethyl ester 1d

C$_9$H$_{16}$O$_3$
Mol. Wt.: 172.22

Colorless liquid, b.p. 54°C/0.4mmHg; ^{1}H NMR (60 MHz, CDCl$_3$): δ = 6.39 (s, 1H, =CH_2), 5.81 (s, 1H, =CH_2), 4.63 (d, J = 7.3, 1H, CH), 4.20 (q, J = 7.1, 2H, OCH$_2$), 2.35 (s, 1H, OH), 1.96 (m, 1H, CH), 1.34 (t, J = 7.1, 3H, CH$_3$), 1.21 (d, J = 7.4, 6H, 2CH$_3$).

3-Hydroxy-2-methylene-5-methyl hexanoic acid ethyl ester 1e

C$_{10}$H$_{18}$O$_3$
Mol. Wt.: 186.25

Colorless liquid, b.p. 63°C/0.5mmHg; ^{1}H NMR (60 MHz, CDCl$_3$): δ = 6.45 (s, 1H, =CH_2), 5.82 (s, 1H, =CH_2), 4.46 (t, J = 7.0, 1H, CH), 4.22 (q, J = 7.1, 2H, OCH$_2$), 1.53 (m, 1H, CH), 1.48 (m, 2H, CH$_2$), 1.32 (t, J = 7.1, 3H, CH$_3$), 1.13 (d, J = 7.3, 6H, 2CH$_3$).

3-Hydroxy-2-methylene-3-phenyl propanoic acid ethyl ester 1f

C$_{12}$H$_{14}$O$_3$ (206.24g)

Colorless oil, b.p. 140°C/0.2mmHg; ^{1}H NMR (60 MHz, CDCl$_3$): δ = 7.40 (m, 5H, aromatic H), 6.40 (s, 1H, =CH_2), 5.87 (s, 1H, =CH_2), 5.70 (s, 1H, CH), 4.22 (q, J = 7.0, 2H, OCH$_2$), 2.80 (s, 1H, OH), 1.33 (t, J = 7.0, 3H, CH$_3$).

Synthesis of acetates 2(a-f)

General procedure: To a solution of alcohol **1** (30 mmol) and acetic anhydride (8.5 mL, 90 mmol, 3 equiv.) in anhydrous ether (120 mL), was added at 0°C, one drop of concentrated sulfuric acid. The reaction mixture was stirred one hour at 0°C under nitrogen atmosphere then allowed to stir at room temperature for further a few hours (4 to 8 hours) until starting materials had been consumed (TLC). The reaction was cooled again at 0°C, cooled water was added (50 mL) and the mixture was extracted with ether (3 x 50 mL). The organic layers were washed with a freshly prepared solution of NaOH (1.5 M) then brine until neutrality, dried over MgSO$_4$ and evaporated under reduced pressure. The crude oil was purified by flash chromatography on silica gel (AcOEt / Hexane, 1:4) to afford acetates **2(a-f)**.

Spectral data of acetates 2(a-f)

3-Acetoxy-2-methylene butanoic acid ethyl ester **1a**

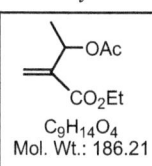

C$_9$H$_{14}$O$_4$
Mol. Wt.: 186.21

Colorless liquid; ^{1}H NMR (60 MHz, CDCl$_3$): δ = 6.19 (s, 1H, =CH_2), 5.71 (s, 1H, =CH_2), 5.60 (q, J = 7.6, 1H, CH), 4.17 (q, J = 7.3, 2H, OCH$_2$), 2.06 (s, 3H, CH$_3$), 1.36 (d, J = 7.6, 3H, CH$_3$), 1.35 (t, J = 7.3, 3H, CH$_3$).

3-Acetoxy-2-methylene pentanoic acid ethyl ester **2b**

C$_{10}$H$_{16}$O$_4$
Mol. Wt.: 200.23

Colorless liquid; ^{1}H NMR (60 MHz, CDCl$_3$): δ = 6.40 (s, 1H, =CH_2), 5.80 (s, 1H, =CH_2), 4.42 (t, J = 7.0, 1H, CH), 4.19 (q, J = 7.2, 2H, OCH$_2$), 2.23 (s, 3H, CH$_3$), 1.75 (m, 2H, CH$_2$), 1.33 (t, J = 7.2, 3H, CH$_3$), 1.10 (t, J = 7.3, 3H, CH$_3$).

3-Acetoxy-2-methylene hexanoic acid ethyl ester **2c**

C$_{11}$H$_{18}$O$_4$
Mol. Wt.: 214.26

Colorless liquid; ^{1}H NMR (60 MHz, CDCl$_3$): δ = 6.39 (s, 1H, =CH_2), 5.77 (s, 1H, =CH_2), 4.52 (t, J = 6.8, 1H, CH), 4.19 (q, J = 7.3, 2H, OCH$_2$), 2.34 (s, 3H, CH$_3$), 1.50-1.37 (m, 4H, 2CH$_2$), 1.32 (t, J = 7.3, 3H, CH$_3$), 1.12 (t, J = 6.0, 3H, CH$_3$).

3-Acetoxy-2-methylene-4-methyl pentanoic acid ethyl ester **2d**

C$_{11}$H$_{18}$O$_4$
Mol. Wt.: 214.26

Colorless liquid; ^{1}H NMR (60 MHz, CDCl$_3$): δ = 6.40 (s, 1H, =CH_2), 5.79 (s, 1H, =CH_2), 4.62 (d, J = 7.0, 1H, CH), 4.21 (q, J = 7.1, 2H, OCH$_2$), 2.42 (m, 1H, CH), 2.09 (s, 3H, CH$_3$), 1.22 (t, J = 7.1, 3H, CH$_3$), 1.05 (d, J = 6.7, 6H, 2CH$_3$).

3-Acetoxy-2-methylene-5-methyl hexanoic acid ethyl ester **2e**

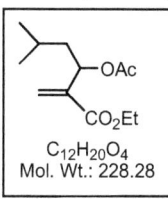

C$_{12}$H$_{20}$O$_4$
Mol. Wt.: 228.28

Colorless liquid; ^{1}H NMR (60 MHz, CDCl$_3$): δ = 6.41 (s, 1H, =CH_2), 5.70 (s, 1H, =CH_2), 4.61 (t, J = 6.7, 1H, CH), 4.12 (q, J = 7.0, 2H, OCH$_2$), 2.30 (s, 3H CH$_3$), 1.63-1.45 (m, 3H, CH$_2$CH), 1.30 (t, J = 7.0, 3H, CH$_3$), 0.96 (d, J = 6.8, 6H, 2CH$_3$).

2-(Acetoxy-phenyl-methyl) acrylic acid ethyl ester **2f**

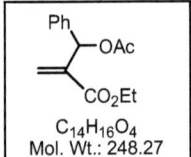

Colorless oil; ^{1}H NMR (60 MHz, CDCl$_3$): δ = 7.25 (m, 5H, aromatic H), 6.62 (s, 1H, =CH_2), 6.30 (s, 1H, =CH_2), 5.77 (s, 1H, CH), 4.03 (q, J = 7.2, 2H, OCH_2), 1.99 (s, 3H, CH$_3$), 1.17 (t, J = 7.2, 3H, CH$_3$).

Synthesis of glutarates 3(a-f).

General procedure: A mixture of allylic functional acetate **2** (10 mmol, 1 equiv.), ethyl acetyl acetate (11 mmol, 1.1 equiv.), anhydrous potassium carbonate (20 mmol, 2 equiv.) and absolute ethanol (15 mL) was refluxed for 24 hours. The ethanol (and ethyl acetate a by-product) was removed under reduced pressure. The residue was shaken with water (30 mL) to dissolve the salts and the resulting mixture was extracted with ether (3 × 30 mL). The organic layer was dried over MgSO$_4$ and the solvent removed in vacuo to leave an oil which was purified on silica gel (AcOEt / Hexane, 1:4) to afford glutarates **3(a-f)**.

Spectral data of glutarates 3(a-f)

(*E,Z*)-2-Ethylidene pentanedioic acid diethyl ester **3a**

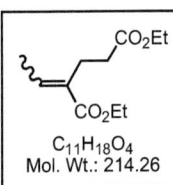

Colorless liquid; IR (CHCl$_3$) : ν = 1725 cm^{-1} (C=O), 1703 (C=O), 1645 (C=C). - ^{1}H NMR (300 MHz, CDCl$_3$): δ = 6.91 (q, J = 7.2, 1H, CH-*E*), 6.12 (q, J = 7.3, 1H, CH-*Z*), 4.20 (q, J = 7.2, 2H, OCH$_2$), 4.13 (q, J = 7.2, 2H, OCH$_2$), 2.64 (m, 2H, CH$_2$), 2.45 (m, 2H, CH$_2$), 1.85 (d, J = 7.2, 3H, CH$_3$), 1.32 (t, J = 7.2, 3H, CH$_3$), 1.26 (t, J = 7.2, 3H, CH$_3$). - ^{13}C NMR (75 MHz, CDCl$_3$): δ = 172.9 (C=O), 164.1 (C=O), 138.5 (CH), 131.4 (C), 60.7 (OCH$_2$), 59.6 (OCH$_2$), 33.1 (CH$_2$), 25.4 (CH$_2$), 18.8 (CH$_3$), 14.2 (CH$_3$), 14.0 (CH$_3$).

(*E,Z*)-2-Propylidene pentanedioic acid diethyl ester **3b**

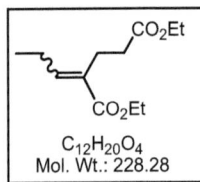

Colorless liquid; IR (CHCl$_3$) : ν = 1725 cm^{-1} (C=O), 1703 (C=O), 1643 (C=C) - ^{1}H NMR (300 MHz, CDCl$_3$): δ = 6.72 (t, J = 7.5, 1H, CH-*E*), 5.89 (t, J = 8.5, 1H, CH-*Z*), 4.15 (q, J = 6.9, 2H,

OCH$_2$), 4.07 (q, J = 7.2, 2H, OCH$_2$), 2.54 (m, 2H, CH$_2$), 2.34 (m, 2H, CH$_2$), 2.16 (m, 2H, CH$_2$), 1.24 (t, J = 6.9, 3H, CH$_3$), 1.17 (t, J = 7.2, 3H, CH$_3$), 0.98 (t, J = 7.7, 3H, CH$_3$). - ^{13}C NMR (75 MHz, CDCl$_3$): δ = 172.8 (C=O), 167.2 (C=O), 145.2 (CH), 129.8 (C), 60.2 (OCH$_2$), 60.1 (OCH$_2$), 33.5 (CH$_2$), 29.8 (CH$_2$), 22.0 (CH$_2$), 14.1 (CH$_3$).14.0 (CH$_3$), 13.1 (CH$_3$).

(*E,Z*)-2-Butylidene pentanedioic acid diethyl ester **3c**

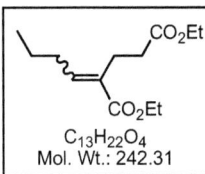
C$_{13}$H$_{22}$O$_4$
Mol. Wt.: 242.31

Pale yellow liquid; IR (CHCl$_3$) : ν = 1724 cm^{-1} (C=O), 1702 (C=O), 1643 (C=C) - ^{1}H NMR (300 MHz, CDCl$_3$): δ = 6.81 (t, J = 6.3, 1H, CH-*E*), 5.86 (t, J = 7.4, 1H, CH-*Z*), 4.23 (q, J = 7.2, 2H, OCH$_2$), 4.10 (q, J = 7.2, 2H, OCH$_2$), 2.62 (m, 2H, CH$_2$), 2.42 (m, 2H, CH$_2$), 2.21 (m, 2H, CH$_2$), 1.46 (m, 2H, CH$_2$), 1.33 (t, J = 7.2, 3H, CH$_3$), 1.25 (t, J = 7.2, 3H, CH$_3$), 0.92 (t, J = 6.8, 3H, CH$_3$). - ^{13}C NMR (75 MHz, CDCl$_3$): δ = 172.9 (C=O), 167.4 (C=O), 143.8 (CH), 128.1 (C), 60.3 (OCH$_2$), 60.0 (OCH$_2$), 34.0 (CH$_2$), 31.4 (CH$_2$), 22.4 (CH$_2$), 21.9 (CH$_2$), 14.2 (CH$_3$).14.1 (CH$_3$), 13.6 (CH$_3$).

(*E,Z*)-2-(2-Methylpropylidene) pentanedioic acid diethyl ester **3d**

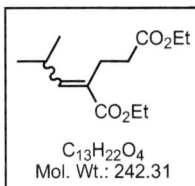
C$_{13}$H$_{22}$O$_4$
Mol. Wt.: 242.31

Pale yellow liquid; IR (CHCl$_3$) : ν = 1725 cm^{-1} (C=O), 1702 (C=O), 1644 (C=C) - ^{1}H NMR (300 MHz, CDCl$_3$): δ = 6.61 (d, J = 10.3, 1H, CH-*E*), 5.73 (d, J = 9.7, 1H, CH-*Z*), 4.23 (q, J = 7.2, 2H, OCH$_2$), 4.13 (q, J = 6.9, 2H, OCH$_2$), 2.65 (m, 1H, CH), 2.59 (m, 2H, CH$_2$), 2.45 (m, 2H, CH$_2$), 1.32 (t, J = 7.2, 3H, CH$_3$), 1.27 (t, J = 6.9, 3H, CH$_3$), 1.03 (d, J = 6.7, 6H, 2CH$_3$). - ^{13}C NMR (75 MHz, CDCl$_3$): δ = 172.8 (C=O), 167.5 (C=O), 150.2 (CH), 128.2 (C), 60.4 (OCH$_2$), 60.2 (OCH$_2$), 33.9 (CH$_2$), 27.7 (CH), 22.5 (CH$_2$), 22.3 (CH$_3$), 22.1 (CH$_3$), 14.2 (CH$_3$), 14.1 (CH$_3$).

(*E*)-2-(3-Methylbutylidene) pentanedioic acid diethyl ester **3e**

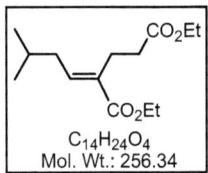
C$_{14}$H$_{24}$O$_4$
Mol. Wt.: 256.34

Yellow liquid; IR (CHCl$_3$) : ν = 1725 cm^{-1} (C=O), 1702 (C=O), 1644 (C=C) - ^{1}H NMR (300 MHz, CDCl$_3$): δ = 6.82 (t, J = 9.1, 1H, CH), 4.21 (q, J = 6.9, 2H, OCH$_2$), 4.13 (q, J = 7.2, 2H, OCH$_2$), 2.62 (m, 2H, CH$_2$), 2.41 (m, 2H, CH$_2$), 2.10 (m, 2H, CH$_2$), 1.32 (t, J = 7.2, 3H, CH$_3$), 1.25 (t, J = 6.9, 3H, CH$_3$), 0.89 (d, J = 8.5, 6H,

2CH$_3$). - ^{13}C NMR (75 MHz, CDCl$_3$): δ = 172.3 (C=O), 168.9 (C=O), 143.5 (CH), 127.6 (C), 61.1 (OCH$_2$), 60.5 (OCH$_2$), 32.8 (CH$_2$), 31.6 (CH$_2$), 27.8 (CH), 22.1 (CH$_2$), 22.3 (CH$_3$), 22.1 (CH$_3$), 14.2 (CH$_3$), 14.1 (CH$_3$).

(*E,Z*)-2-Benzylidene pentanedioic acid diethyl ester **3f**

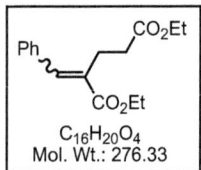

Yellow oil; IR (CHCl$_3$) : ν = 1728 cm^{-1} (C=O), 1714 (C=O), 1632 (C=C), 1454 (Ph). - ^{1}H NMR (300 MHz, CDCl$_3$): δ = 7.73 (s, 1H, CH-*E*), 7.34 (m, 5H, aromatic H), 6.72 (s, 1H, CH-*Z*), 4.29 (q, *J* = 6.9, 2H, OCH$_2$), 4.11 (q, *J* = 7.2, 2H, OCH$_2$), 2.89 (m, 2H, CH$_2$), 2.57 (m, 2H, CH$_2$), 1.35 (t, *J* = 7.2, 3H, CH$_3$), 1.23 (t, *J* = 6.9, 3H, CH$_3$). - ^{13}C NMR (75 MHz, CDCl$_3$): δ = 172.6 (C=O), 167.6 (C=O), 139.9 (CH), 131.4 (C), 129.0 (aromatic C), 128.4 (aromatic CH), 128.0 (aromatic CH), 127.6 (aromatic CH), 60.8 (OCH$_2$), 60.3 (OCH$_2$), 33.4 (CH$_2$), 22.2 (CH$_2$), 14.1 (CH$_3$), 14.0 (CH$_3$).

Preparation of dialkyl-2-methylene glutarates 4(a-c)

General procedure: In 500 mL flask, fitted with a reflux condenser protected by calcium chloride drying tube, were placed 0.25mol of alkyl acrylate and HMPT (2 mol%) in tetrahydrofuran (150 mL). The mixture was refluxed for 10 hours then cooled and the solvent was removed in vacuo. The residual oil was distilled under reduced pressure to give the dialkyl-2-methylene glutarate as a colorless liquid.

Dimethyl-2-methylene glutarate **4a**

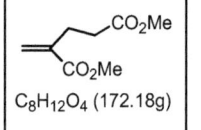

b.p. 61-63°C/0.9mmHg
Yield = 65%

Diethyl-2-methylene glutarate **4b**

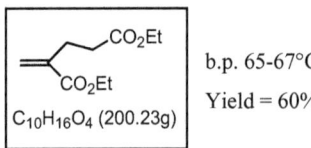

b.p. 65-67°C
Yield = 60%

Di *tert*-Butyl-2-methylene glutarate **4c**

![structure] CO_2^t-Bu / CO_2^t-Bu $C_{14}H_{24}O_4$ (256.34g)	b.p. 82-84°C Yield = 50%

Synthesis of dialkyl 2-bromo-2-bromomethyl glutarates 5(a-c)

Typical procedure: A 250 mL two-necked round-bottomed flask, fitted with a reflux condenser and 100 mL pressure-equalising addition funnel, was charged with dimethyl-2-methylene glutarate **4a** (25.82 g, 0.15 mol, 1 equiv.) and anhydrous carbon tetrachloride (150 mL). The mixture was stirred and heated to gentle reflux. The addition funnel is charged with bromine (8 mL, 0.155 mol, 1.03 equiv.) diluted in anhydrous carbon tetrachloride (40 mL) was added dropwise as a rate such that the bromine colour gradually disappears. The end of the reaction was indicated by the persistence of a brownish colour. The mixture was cooled and excess bromine was removed by washing with aqueous sodium thiosulfate solution until the solution was discoloured. The organic layer was separated and washed with water (50 mL), dried over anhydrous magnesium sulfate and concentrated. The residue was distilled at reduced pressure yielding (41.80 g, 84%) of dimethyl-2-bromo-2-bromomethyl glutarate **5a** as a pale yellow oil.

Spectral data of products 5(a-c)

Dimethyl 2-bromo-2-bromomethyl glutarate **5a**

Br / CO_2Me / Br / CO_2Me
$C_8H_{12}Br_2O_4$
Mol. Wt.: 331.99

Pale yellow oil; b.p. 116°C/0.5mmHg. - IR (CHCl$_3$) : ν = 1740 cm^{-1} (C=O), 1730 (C=O). - ^{1}H NMR (200 MHz, CDCl$_3$): δ = 3.96 (AB, J_{AB} = 7.0, 2H, CH$_2$Br), 3.83 (s, 3H, OCH$_3$), 3.70 (s, 3H, OCH$_3$), 2.56 (m, 4H, 2CH$_2$). - ^{13}C NMR (67 MHz, CDCl$_3$): δ = 170.1 (C=O), 167.7 (C=O), 58.9 (C), 52.3 (OCH$_3$), 50.8 (OCH$_3$), 34.6 (CH$_2$Br), 31.3 (CH$_2$), 24.5 (CH$_2$).

Diethyl 2-bromo-2-bromomethyl glutarate **5b**

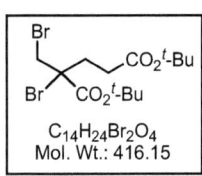

C$_{10}$H$_{16}$Br$_2$O$_4$
Mol. Wt.: 360.04

Yellow oil; b.p. 120°C/0.5mmHg. - IR (CHCl$_3$) : ν = 1740 cm^{-1} (C=O), 1735 (C=O). - ^{1}H NMR (200 MHz, CDCl$_3$): δ = 3.93 (AB, J_{AB} = 7.0, 2H, CH$_2$Br), 4.23 (q, J = 7.0, 2H, OCH$_2$), 4.21 (q, J = 7.0, 2H, OCH$_2$), 2.51 (m, 4H, 2CH$_2$), 1.32 (t, J = 7.0, 3H, CH$_3$), 1.30 (t, J = 7.0, 3H, CH$_3$). - ^{13}C NMR (67 MHz, CDCl$_3$): δ = 172.0 (C=O), 167.9 (C=O), 62.7 (OCH$_2$), 60.7 (OCH$_2$), 60.6 (C), 35.0 (CH$_2$Br), 31.4 (CH$_2$), 30.4 (CH$_2$), 14.8 (CH$_3$), 13.8 (CH$_3$).

Di *tert*-Butyl 2-bromo-2-bromomethyl glutarate **5c**

Br–C(CO$_2^t$-Bu)(CH$_2$Br)–CH$_2$–CH$_2$–CO$_2^t$-Bu
C$_{14}$H$_{24}$Br$_2$O$_4$
Mol. Wt.: 416.15

White solid; m.p. 47°C. - IR (CHCl$_3$) : ν = 1740 cm^{-1} (C=O), 1730 (C=O). - ^{1}H NMR (200 MHz, CDCl$_3$): δ = 3.93 (AB, J_{AB} = 7.0, 2H, CH$_2$Br), 2.46 (m, 4H, 2CH$_2$), 1.50 (s, 9H, (CH$_3$)$_3$), 1.46 (s, 9H, (CH$_3$)$_3$). - ^{13}C NMR (67 MHz, CDCl$_3$): δ = 171.4 (C=O), 166.7 (C=O), 83.4 (OC), 80.7 (OC), 61.9 (C), 35.7 (CH$_2$Br), 31.8 (CH$_2$), 31.6 (CH$_2$), 28.0 (CH$_3$)$_3$),27.5 (CH$_3$)$_3$).

Synthesis of dialkyl (*E*)-2-bromomethylene glutarates 6(a-c)

Typical procedure: To a 250 mL two-necked round-bottomed flask, fitted with an efficient magnetic stirring bar, a 100 mL pressure equalising addition funnel and reflux condenser protected by calcium chloride drying tube, were added tetrabutylammonium fluoride (^{n}Bu)$_4$NF,3H$_2$O (23.62 g, 75 mmol, 1.25 equiv.) and hexamethylphosphoramide (HMPA, 40 mL). The mixture was cooled to 0°C in an ice bath and stirred until it becomes homogenous. Dimethyl-2-bromo-2-bromomethyl glutarate **5a** (19.92 g, 60 mmol, 1 equiv.) was added via the pressure-equalising addition dropping funnel over 30 min period. After the addition was complete, the reaction mixture was stirred at 0°C for one hour and is then allowed to warm gradually to room temperature for a period of ten hours until the starting dibrominated ester disappears. The brown mixture was cooled and quenched with aqueous solution of sulfuric acid (1M, 120 mL), then extracted with hexane (5 × 80 mL). The combined organic extracts were washed with water until neutrality then dried over MgSO$_4$. The slurry was filtered through a glass filter and the filtrate was concentrated. The residue was distilled at reduced pressure to give dimethyl (*E*)-2-bromomethyl glutarate **6a** (12.49 g, 83%) as a colorless liquid.

Spectral data of glutarates 6(a-c)

Dimethyl (*E*)-2-bromomethylene glutarate **6a**

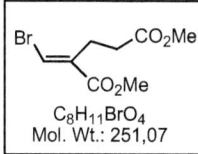
$C_8H_{11}BrO_4$
Mol. Wt.: 251,07

Colorless liquid; b.p. 90°C/0.3mmHg. - IR (CHCl$_3$) : ν = 1725 cm^{-1} (C=O), 1715 (C=O), 1620 (C=C). - ^{1}H NMR (200 MHz, CDCl$_3$): δ = 7.53 (s, 1H, CH), 3.76 (s, 3H, OCH$_3$), 3.66 (s, 3H, OCH$_3$), 2.73 (m, 2H, CH$_2$), 2.60 (m, 2H, CH$_2$). - ^{13}C NMR (67 MHz, CDCl$_3$): δ = 170.1 (C=O), 161.9 (C=O), 133.7 (C), 121.9 (CH), 51.3 (OCH$_3$), 50.5 (OCH$_3$), 30.8 (CH$_2$), 24.5 (CH$_2$).

Diethyl (*E*)-2-bromomethylene glutarate **6b**

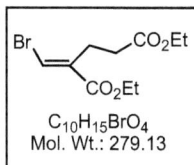
$C_{10}H_{15}BrO_4$
Mol. Wt.: 279.13

Yellow liquid; b.p. 78°C/0.2mmHg. - IR (CHCl$_3$) : ν = 1725 cm^{-1} (C=O), 1715 (C=O), 1610 (C=C). - ^{1}H NMR (200 MHz, CDCl$_3$): δ = 7.42 (s, 1H, CH), 4.21 (q, *J* = 7.0, 2H, OCH$_2$), 4.16 (q, *J* = 7.0, 2H, OCH$_2$), 2.73 (m, 2H, CH$_2$), 2.56 (m, 2H, CH$_2$), 1.28 (t, *J* = 7.0, 3H, CH$_3$), 1.26 (t, *J* = 7.0, 3H, CH$_3$). - ^{13}C NMR (67 MHz, CDCl$_3$): δ = 172.2 (C=O), 162.6 (C=O), 136.8 (C), 123.7 (CH), 61.2 (OCH$_2$), 60.5 (OCH$_2$), 32.0 (CH$_2$), 25.3 (CH$_2$), 14.1 (CH$_3$), 14.2 (CH$_3$).

Di *tert*-Butyl (*E*)-2-bromomethylene glutarate **6c**

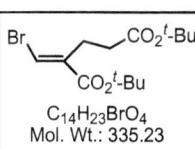
$C_{14}H_{23}BrO_4$
Mol. Wt.: 335.23

Yellow oil; b.p. 98°C/0.25mmHg. - IR (CHCl$_3$) : ν = 1725 cm^{-1} (C=O), 1710 (C=O), 1615 (C=C). - ^{1}H NMR (200 MHz, CDCl$_3$): δ = 7.43 (s, 1H, CH), 2.66 (m, 2H, CH$_2$), 2.43 (m, 2H, CH$_2$), 1.54 (s, 9H, (CH$_3$)$_3$), 1.50 (s, 9H, (CH$_3$)$_3$). - ^{13}C NMR (67 MHz, CDCl$_3$): δ = 173.0 (C=O), 165.1 (C=O), 135.9 (C), 124.3 (CH), 83.8 (OC), 81.0 (OC), 31.1 (CH$_2$), 27.9 ((CH$_3$)$_3$), 26.8 (CH$_3$)$_3$), 25.4 (CH$_2$).

Synthesis of (E,Z)-dialkyl 2-alkylidene glutarates 7(a-o)

All reactions involving anhydrous conditions were conducted in dry glassware under a nitrogen atmosphere. Solvents were distilled under nitrogen immediately prior to use.

Grignard reagents were prepared by the known methods and stored under inert atmosphere. They were titrated prior to use, *i.e.*[*] with 1M solution of benzyl alcohol in anhydrous toluene and in the presence of 2,2'-bipyridil as indicator.

General procedure: An ether or THF solution of alkylmagnesium halide RMgX was added dropwise over a period of 20-30 min to a mixture of dimethyl (*E*)-2-bromomethylene glutarate **6** (5 mmol) and 1 M solution of LiCuBr$_2$[**] (0.15 mL, 3mol%) diluted in dry THF (20 mL) at -20°C under nitrogen atmosphere. A magnetic stirring was maintained at this temperature. After a few minutes (TLC/GCP), the reaction mixture was quenched with a saturated NH$_4$Cl solution (10 mL) then extracted with ether (3 x 20 mL). The combined organic layers were dried over MgSO$_4$, filtered and evaporated under reduced pressure. The crude product was purified by flash chromatography on silica gel (AcOEt / Hexane, 1:9) to afford (*E*)-dialkyl-2-alkylidene glutarates **7(a-o)**.

Spectral data of glutarates 7(a-o)

(*E*)-2-Ethylidene pentanedioic acid dimethyl ester **7a**

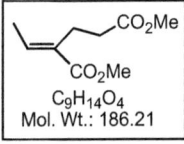
C$_9$H$_{14}$O$_4$
Mol. Wt.: 186.21

Pale yellow liquid; IR (film) : ν = 1704 cm^{-1} (C=O), 1697 (C=O), 1642 (C=C). - ^{1}H NMR (300 MHz, CDCl$_3$): δ = 6.91 (q, *J* = 7.0, 1H, CH), 3.70 (s, 3H, OCH$_3$), 3.64 (s, 3H, OCH$_3$), 2.58 (m, 2H, CH$_2$), 2,41 (m, 2H, CH$_2$), 1.81 (d, *J* = 7.0, 3H, CH$_3$). - ^{13}C NMR (75 MHz, CDCl$_3$): δ = 173.4 (C=O), 167.7 (C=O), 139.2 (CH), 131.2 (C), 51.7 (OCH$_3$), 51.5 (OCH$_3$), 33.1 (CH$_2$), 21.9 (CH$_2$), 14.2 (CH$_3$). – MS (EI, 70 eV); *m/z* (%) : 186 (M$^+$, 2), 171 (48), 154 (100), 127 (72), 113 (64), 99 (30).

---

[*] Waston, S. C.; Eastham, J. F. *J. Organomet. Chem.* **1967**, *9*, 165.

[**] Prepared by stirring at 0°C an equimolar mixture of anhydrous CuBr and LiBr in THF for 2 hours under nitrogen.

(*E*)-2-(2-Methylpropylidene) pentanedioic acid dimethyl ester **7b**

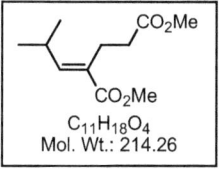

Colorless liquid; IR (film) : ν = 1738 cm^{-1} (C=O), 1713 (C=O), 1644 (C=C). - ^{1}H NMR (300 MHz, CDCl$_3$): δ = 6.64 (d, *J* = 10.0, 1H, CH), 3.73 (s, 3H, OCH$_3$), 3.66 (s, 3H, OCH$_3$), 2.73 (m, 1H, CH), 2.65 (m, 2H, CH$_2$), 2.42 (m, 2H, CH$_2$), 1.03 (d, *J* = 7.7, 6H, (CH$_3$)$_2$)). - ^{13}C NMR (75 MHz, CDCl$_3$): δ = 173.1 (C=O), 167.9 (C=O), 150.7 (CH), 127.8 (C), 51.5 (OCH$_3$), 51.4 (OCH$_3$), 33.6 (CH$_2$), 27.7 (CH), 22.4 (CH$_2$), 22.2 (CH$_3$), 22.1 (CH$_3$). – MS (EI, 70 eV); *m/z* (%) : 214 (M$^+$, 1), 182 (100), 154 (48), 122 (38), 108 (31), 95 (71), 81 (56), 41 (29).

(*E*)-2-Phenylethylidene pentanedioic acid dimethyl ester **7c**

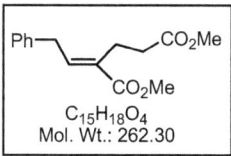

Colorless liquid; IR (film) : ν = 1731 cm^{-1} (C=O), 1710 (C=O), 1644 (C=C). - ^{1}H NMR (300 MHz, CDCl$_3$): δ = 7.31-7.19 (m, 5H, aromatic H), 6.98 (t, *J* = 7.9, 1H, CH), 3.73 (s, 3H, OCH$_3$), 3.67 (s, 3H, OCH$_3$), 3.58 (d, *J* = 7.9, 2H, CH$_2$), 2.72 (m, 2H, CH$_2$), 2.53 (m, 2H, CH$_2$). - ^{13}C NMR (75 MHz, CDCl$_3$): δ = 173.3 (C=O), 167.6 (C=O), 142.2 (aromatic C), 139.8 (CH), 135.4 (aromatic CH), 134.5 (aromatic CH), 133.6 (aromatic CH), 128.6 (C), 51.8 (OCH$_3$), 51.7 (OCH$_3$), 34.6 (CH$_2$), 33.2 (CH$_2$), 22.2 (CH$_2$). - MS (EI, 70 eV); *m/z* (%) : 262 (M$^+$, 1), 230 (46), 189 (55), 170 (100), 91 (32).

(*E*)-2-(2,2-Dimethylpropylidene) pentanedioic acid dimethyl ester **7d**

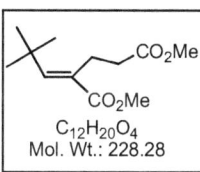

Colorless liquid; IR (film) : ν = 1726 cm^{-1} (C=O), 1713 (C=O), 1650 (C=C). - ^{1}H NMR (300 MHz, CDCl$_3$): δ = 6.85 (s, 1H, CH), 3.73 (s, 3H, OCH$_3$), 3.68 (s, 3H, OCH$_3$), 2.78 (m, 2H, CH$_2$), 2.45 (m, 2H, CH$_2$), 1.19 (s, 9H, (CH$_3$)$_3$). - ^{13}C NMR (75 MHz, CDCl$_3$): δ = 173.2 (C=O), 168.6 (C=O), 152.8 (CH), 129.2 (C), 51.7 (OCH$_3$), 51.4 (OCH$_3$), 33.7 (CH$_2$), 30.3 (C), 29.1 ((CH$_3$)$_3$), 22.6 (CH$_2$). - MS (EI, 70 eV); *m/z* (%) : 228 (M$^+$, 1), 213 (83), 196 (100), 169 (62), 155 (48), 141 (55).

(*E,Z*)-2-Pentylidene pentanedioic acid dimethyl ester **7e**

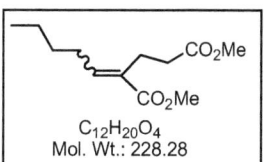

Colorless liquid; IR (film) : ν = 1731 cm^{-1} (C=O), 1706 (C=O), 1644 (C=C). - ^{1}H NMR (300 MHz, CDCl$_3$): δ = 6.82 (t, *J* = 7.7, 1H, CH-*E*), 6.0 (t, *J* = 8.2, 1H, CH-*Z*), 3.73 (s,

3H, OCH$_3$), 3.66 (s, 3H, OCH$_3$), 2.63 (m, 2H, CH$_2$), 2.47 (m, 2H, CH$_2$), 2.21 (q, J = 7.4, 2H, CH$_2$), 1.38 (m, 4H, 2CH$_2$), 0.91 (t, J = 6.9, 3H, CH$_3$). - ^{13}C NMR (75 MHz, CDCl$_3$): δ = 173.2 (C=O), 167.7 (C=O), 144.4 (CH), 130.0 (C), 51.5 (OCH$_3$), 51.3 (OCH$_3$), 33.7 (CH$_2$), 31.3 (CH$_2$), 29.2 (CH$_2$), 28.1 (CH$_2$), 22.3 (CH$_2$), 13.7 (CH$_3$). - MS (EI, 70 eV); m/z (%) : 228 (M$^+$, 1), 196 (100), 167 (70), 154 (77), 139 (50), 125 (61), 107 (50), 95 (76), 67 (58).

(*E,Z*)-2-(2-Methylpropylidene) pentanedioic acid diethyl ester **7f**

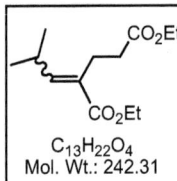

C$_{13}$H$_{22}$O$_4$
Mol. Wt.: 242.31

Colorless liquid; IR (film) : ν = 1727 cm^{-1} (C=O), 1698 (C=O), 1644 (C=C). - ^{1}H NMR (300 MHz, CDCl$_3$): δ = 6.82 (d, J = 10.2, 1H, CH-*E*), 6.0 (d, J = 9.7, 1H, CH-*Z*), 4.20 (q, J = 7.1, 2H, OCH$_2$), 4.13 (q, J = 7.1, 2H, OCH$_2$), 2.73 (m, 1H, CH), 2.62 (m, 2H, CH$_2$), 2.43 (m, 2H, CH$_2$), 1.30 (t, J = 7.1, 3H, CH$_3$), 1.25 (t, J = 7.1, 3H, CH$_3$), 1.04 (d, J = 6.6, 6H, 2CH$_3$). - ^{13}C NMR (75 MHz, CDCl$_3$): δ = 172.6 (C=O), 167.3 (C=O), 150.0 (CH), 128.0 (C), 60.1 (OCH$_2$), 60.0 (OCH$_2$), 33.7 (CH$_2$), 27.5 (CH$_2$), 22.1 (CH$_3$), 22.0 (CH$_3$), 14.0 (CH$_3$), 13.9 (CH$_3$). - MS (EI, 70 eV); m/z (%) : 242 (M$^+$, 1), 196 (100), 168 (83), 139 (56), 125 (44), 122 (40), 95 (75), 81 (50), 29 (41).

(*E,Z*)-2- Phenylethylidene pentanedioic acid diethyl ester **7g**

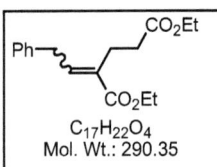

C$_{17}$H$_{22}$O$_4$
Mol. Wt.: 290.35

Yellow liquid; IR (film) : ν = 1724 cm^{-1} (C=O), 1704 (C=O), 1644 (C=C). - ^{1}H NMR (300 MHz, CDCl$_3$): δ = 7.22-7.16 (5H, aromatic H), 6.96 (t, J = 7.7, 1H, CH-*E*), 6.14 (t, J = 7.1, 1H, CH-*Z*), 4.19 (q, J = 6.9, 2H, OCH$_2$), 4.13 (q, J = 7.2, 2H, OCH$_2$), 3.58 (d, J = 7.7, 2H, C*H$_2$*Ph), 2.75 (m, 2H, CH$_2$), 2.48 (m, 2H, CH$_2$), 1.28 (t, J = 7.2, 3H, CH$_3$), 1.21 (t, J = 6.9, 2H, CH$_3$). - ^{13}C NMR (75 MHz, CDCl$_3$): δ = 172.7 (C=O), 167.0 (C=O), 141.6 (CH), 138.7 (C), 131.1 (aromatic C), 129.0 (aromatic CH), 128.5 (aromatic CH), 126.3 (aromatic CH), 60.5 (OCH$_2$), 60.2 (OCH$_2$), 34.5 (CH$_2$), 33.4 (CH$_2$), 22.3 (CH$_2$), 14.1 (CH$_3$), 14.0 (CH$_3$). - MS (EI, 70 eV); m/z (%) : 290 (M$^+$, 1), 244 (11), 198 (100), 170 (55), 156 (41), 129 (81), 91 (27), 29 (26).

(*E,Z*)-2-Cyclohexylmethylene pentanedioic acid diethyl ester **7h**

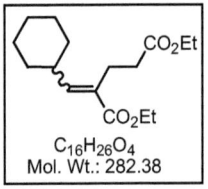

C$_{16}$H$_{26}$O$_4$
Mol. Wt.: 282.38

Pale yellow liquid; IR (film) : ν = 1714 cm^{-1} (C=O), 1698 (C=O), 1643 (C=C). - ^{1}H NMR (300 MHz, CDCl$_3$): δ = 6.62 (d, J = 10.0, 1H, CH-*E*), 6.14 (t, J = 9.8, 1H, CH-*Z*), 4.20 (q, J = 7.2, 2H,

OCH$_2$), 4.15 (q, J = 7.2, 2H, OCH$_2$), 2.62 (m, 2H, CH$_2$), 2.42 (m, 2H, CH$_2$), 2.40 (m, 1H, CH), 1.71-1.59 (m, 4H, 2CH$_2$), 1.30 (t, J = 7.2, 3H, CH$_3$), 1.28 (t, J = 7.2, 3H, CH$_3$), 1.27-1.13 (m, 6H, 3CH$_2$). - ^{13}C NMR (75 MHz, CDCl$_3$): δ = 172.8 (C=O), 167.5 (C=O), 148.7 (CH), 128.4 (C), 60.2 (OCH$_2$), 60.1 (OCH$_2$), 37.4 (CH$_2$), 33.9 (CH$_2$), 32.5 (CH), 25.6 (CH$_2$), 25.3 (CH$_2$), 22.3 (CH$_2$), 14.1 (CH$_3$), 14.0 (CH$_3$). - MS (EI, 70 eV); m/z (%) : 282 (M$^+$, 1), 236 (100), 190 (48), 162 (36), 148 (38), 135 (61), 81 (30).

(E)-2-(2,2-Dimethylpropylidene) pentanedioic acid diethyl ester **7i**

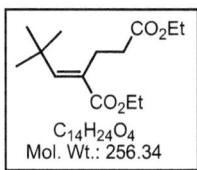
C$_{14}$H$_{24}$O$_4$
Mol. Wt.: 256.34

Pale yellow liquid; IR (film) : ν = 1724 cm^{-1} (C=O), 1700 (C=O), 1636 (C=C). - ^{1}H NMR (300 MHz, CDCl$_3$): δ = 6.84 (s, 1H, CH), 4.20 (q, J = 7.2, 2H, OCH$_2$), 4.17 (q, J = 7.2, 2H, OCH$_2$), 2.75 (m, 2H, CH$_2$), 2.44 (m, 2H, CH$_2$), 1.29 (t, J = 7.2, 3H, CH$_3$), 1.26 (t, J = 7.20, 3H, CH$_3$), 1.19 (s, 9H, (CH$_3$)$_3$). - ^{13}C NMR (75 MHz, CDCl$_3$): δ = 172.7 (C=O), 168.1 (C=O), 152.3 (CH), 129.5 (C), 60.4 (OCH$_2$), 60.1 (OCH$_2$), 33.9 (CH$_2$), 33.1 (C), 30.3 ((CH$_3$)$_3$), 22.6 (CH$_2$), 14.1 (CH$_3$), 14.0 (CH$_3$). - MS (EI, 70 eV); m/z (%) : 256 (M$^+$, 2), 210 (100), 211 (93), 182 (62), 169 (48), 137 (49), 121 (78), 109 (64), 95 (85), 29 (68).

(E,Z)-2-Pentylidene pentanedioic acid diethyl ester **7j**

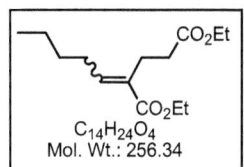
C$_{14}$H$_{24}$O$_4$
Mol. Wt.: 256.34

Yellow liquid; IR (film) : ν = 1724 cm^{-1} (C=O), 1701 (C=O), 1643 (C=C). - ^{1}H NMR (300 MHz, CDCl$_3$): δ = 6.81 (t, J = 9.0, 1H, CH-E), 6.14 (t, J = 9.4, 1H, CH-Z), 4.18 (q, J = 7.2, 2H, OCH$_2$), 4.13 (q, J = 6.9, 2H, OCH$_2$), 2.62 (m, 2H, CH$_2$), 2.44 (m, 2H, CH$_2$), 2.23 (m, 2H, CH$_2$), 1.53-1.34 (m, 4H, 2CH$_2$), 1.29 (t, J = 7.2, 3H, CH$_3$), 1.25 (t, J = 6.9, 3H, CH$_3$), 0.91 (t, J = 6.9, 3H, CH$_3$). - ^{13}C NMR (75 MHz, CDCl$_3$): δ = 172.8 (C=O), 167.2 (C=O), 143.9 (CH), 130.3 (C), 60.3 (OCH$_2$), 60.0 (OCH$_2$), 33.5 (CH$_2$), 30.7 (CH$_2$), 29.1 (CH$_2$), 22.3 (CH$_2$), 22.1 (CH$_2$), 14.1 (CH$_3$), 14.0 (CH$_3$), 13.7 (CH$_3$). - MS (EI, 70 eV); m/z (%) : 256 (M$^+$, 1), 210 (100), 182 (56), 168 (37), 153 (73), 137 (39), 95 (44), 29 (40).

(E)-2-(2-Methylpropylidene) pentanedioic acid di-*tert*-butyl ester **7k**

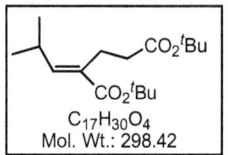
C$_{17}$H$_{30}$O$_4$
Mol. Wt.: 298.42

Colorless liquid; IR (film) : ν = 1726 cm^{-1} (C=O), 1714 (C=O), 1643 (C=C). - ^{1}H NMR (300 MHz, CDCl$_3$): δ = 6.48 (d, J =

10.1,1H, CH), 2.65 (m, 1H, CH), 2.55 (m, 2H, CH_2), 2.32 (m, 2H, CH_2), 1.49 (s, 9H, $(CH_3)_3$), 1.44 (s, 9H, $(CH_3)_3$), 1.01 (d, J = 10.1, 6H, $2CH_3$). - ^{13}C NMR (75 MHz, $CDCl_3$): δ = 172.2 (C=O), 166.8 (C=O), 149.0 (CH), 129.6 (C), 81.5 (CO), 80.0 (CO), 35.1 (CH_2), 30.0 (CH), 28.1 (($CH_3)_3$), 27.2 (($CH_3)_3$), 24.6 (CH_2), 22.4 (CH_3), 22.2 (CH_3). - MS (EI, 70 eV); m/z (%) : 298 (M^+, 1), 186 (38), 169 (67), 168 (100), 140 (49), 57 (81), 41 (39).

(*E,Z*)-2- Phenylethylidene pentanedioic acid di-*tert*-butyl ester **7l**

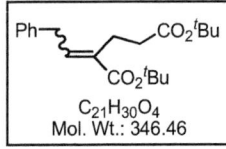

Pale yellow liquid; IR (film) : ν = 1715 cm^{-1} (C=O), 1698 (C=O), 1643 (C=C). - ^1H NMR (300 MHz, $CDCl_3$): δ = 7.35 (m, 2H, aromatic H), 7.24 (m, 3H, aromatic H), 6.90 (t, J = 7.7, 1H, CH-*E*), 6.04 (t, J = 7.6, 1H, CH-*Z*), 3.60 (d, J = 7.7, 2H, CH_2Ph), 2.72 (m, 2H, CH_2), 2.41 (m, 2H, CH_2), 1.53 (s, 9H, $(CH_3)_3$), 1.48 (s, 9H, $(CH_3)_3$). - ^{13}C NMR (75 MHz, $CDCl_3$): δ = 172.2 (C=O), 166.4 (C=O), 140.2 (CH), 138.9 (C), 132.6 (aromatic C), 128.5 (aromatic CH), 128.4 (aromatic CH), 126.2 (aromatic CH), 80.3 (CO), 80.1 (CO), 34.7 (CH_2), 34.5 (CH_2), 28.0 (($CH_3)_3$), 27.9, (($CH_3)_3$), 22.5 (CH_2). - MS (EI, 70 eV); m/z (%) : 346 (M^+, 1), 234 (39), 217 (37), 216 (48), 198 (87), 170 (40), 129 (48), 91 (22), 57 (100).

(*E,Z*)-2-Cyclohexylmethyene pentanedioic acid di-*tert*-butyl ester **7m**

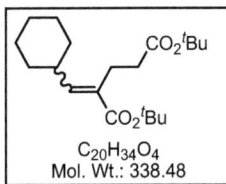

Pale yellow liquid; IR (film) : ν = 1715 cm^{-1} (C=O), 1697 (C=O), 1642 (C=C). - ^1H NMR (300 MHz, $CDCl_3$): δ = 6.62 (d, J = 10.1, 1H, CH-*E*), 6.14 (d, J = 9.8, 1H, CH-*Z*), 2.46 (m, 2H, CH_2), 2.27 (m, 2H, CH_2), 2.21 (m, 1H, CH), 1.63 (m, 4H, $2CH_2$), 1.40 (s, 9H, $(CH_3)_3$), 1.38 (s, 9H, $(CH_3)_3$), 1.20 (m, 4H, $2CH_2$), 0.81 (m, 2H, CH_2). - ^{13}C NMR (75 MHz, $CDCl_3$): δ = 172.3 (C=O), 166.9 (C=O), 147.5 (CH), 130.0 (C), 80.0 (OC), 79.9 (OC), 37.4 (CH_2), 35.2 (CH), 31.4 (CH_2), 28.1 (($CH_3)_3$), 28.0 (($CH_3)_3$), 22.5 (CH_2), 22.4 (CH_2), 14.0 (CH_2). - MS (EI, 70 eV); m/z (%) : 338 (M^+, 3), 226 (42), 209 (50), 208 (100), 135 (27), 57 (60), 41 (33).

(*E*)-2-(2,2-Dimethylpropylidene) pentanedioic acid di-*tert*-butyl ester **7n**

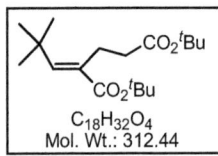

White solid; m.p. 58°C. - IR (film) : ν = 1716 cm^{-1} (C=O), 1704 (C=O), 1636 (C=C). - ^1H NMR (300 MHz, $CDCl_3$): δ = 6.74 (s, 1H, CH), 2.66 (m, 2H, CH_2), 2.33 (m, 2H, CH_2), 1.48 (s, 9H,

($CH_3)_3$), 1.44 (s, 9H, ($CH_3)_3$), 1.18 (s, 9H, ($CH_3)_3$). - ^{13}C NMR (75 MHz, $CDCl_3$): δ = 172.2 (C=O), 167.4 (C=O), 151.2 (CH), 131.1 (C), 80.1 (CO), 80.0 (CO), 35.2 (CH_2), 32.9 (C), 30.4 ($CH_3)_3$), 28.1 ($CH_3)_3$), 28.0 ($CH_3)_3$), 22.9 (CH_2). - MS (EI, 70 eV); *m/z* (%) : 312 (M^+, 1), 200 (78), 183 (95), 182 (87), 154 (44), 57 (100), 41 (47).

(*E,Z*)-2-Pentylidene pentanedioic acid di-*tert*-butyl ester **7o**

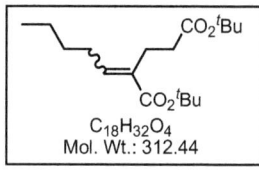

$C_{18}H_{32}O_4$
Mol. Wt.: 312.44

Colorless liquid; IR (film) : ν = 1714 cm^{-1} (C=O), 1706 (C=O), 1643 (C=C). - ^{1}H NMR (300 MHz, $CDCl_3$): δ = 6.68 (t, *J* = 7.7, 1H, CH-*E*), 5.85 (t, *J* = 8.6, 1H, CH-*Z*), 2.56 (m, 2H, CH_2), 2.33 (m, 2H, CH_2), 2.17 (m, 2H, CH_2), 1.50 (s, 9H, ($CH_3)_3$), 1.43 (s, 9H, $CH_3)_3$), 1.37-1.33 (m, 4H, 2CH_2), 0.91 (t, *J* = 6.9, 3H, CH_3). - ^{13}C NMR (75 MHz, $CDCl_3$): δ = 172.2 (C=O), 166.6 (C=O), 142.6 (CH), 131.8 (C), 80.0 (CO), 79.9 (CO), 34.7 (CH_2), 30.8 (CH_2), 28.0 ($CH_3)_3$), 27.9 ($CH_3)_3$), 27.8 (CH_2), 22.4 (CH_2), 22.3 (CH_2), 13.7 (CH_3). - MS (EI, 70 eV); *m/z* (%) : 312 (M^+, 1), 200 (30), 183 (70), 182 (97), 153 (28), 140 (46), 57 (100), 41 (42).

CHAPITRE II

SYNTHESES STEREOSELECTIVE D'α-ALKYLIDENE ADIPATES ET PIMELATES DE DIETHYLE :

Application à la synthèse totale d'esters de (±)-homosarkomycine et de (±)-*bis*-homosarkomycine

> « Il est bien difficile de croire que tant de merveilles, tant d'ingéniosité dans le monde soient l'effet du hasard et de la chimie seulement »
>
> A. DUMAS

INTRODUCTION

*L*e grand intérêt que portent les chimistes organiciens à la synthèse des composés cyclaniques fonctionnels à méthylène exocyclique est dû à leur importance dans le domaine pharmacologique. La (±)-sarkomycine dont une synthèse est développée dans notre laboratoire, est un exemple représentatif de ces molécules douées d'une activité biologique intéressante (antibactériennes et anticancéreuses)

(+/-)-sarkomycine

*N*ous avons jugé utile d'accentuer nos efforts de synthèse des homologues supérieurs de la sarkomycine à 6 et à 7 chaînons. A cet effet, nous présentons dans ce chapitre une méthodologie de synthèse des diesters 1,6- et 1,7- α-alkylidéniques qui seront directement impliqués dans des synthèses totales d'esters de (±)-homosarkomycine et de (±)-*bis*-homosarkomycine, reconnues comme étant des molécules biologiquement actives sous leur forme acide.

ester d'homosarkomycine

ester de *bis*-homosarkomycine

I- SYNTHESE DES DIESTERS α-METHYLENIQUES

Vu leur importance synthétique, les diacides et les diesters α-méthyléniques de type **I** (Fig. 1.) sont des intermédiaires très recherchés en synthèse organique. En effet, ils sont considérés comme étant d'excellents accepteurs de Michael et présentent un domaine d'application très vaste.

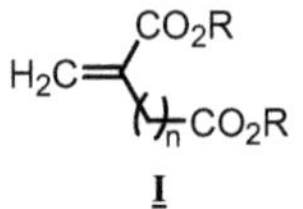

$$H_2C=\underset{I}{\overset{CO_2R}{\underset{()_n CO_2R}{\bigg\langle}}} \quad R = H, \text{alkyle}$$

Fig. 1. Diesters α-alkylidéniques

Cependant, l'accès à ces diacides α-méthyléniques ou aux diesters correspondants n'est pas toujours facile. Si l'acide α-méthylène succinique ou itaconique (n = 1, R = H) et ses diesters (n = 1, R = Me, Et) sont commercialisés, il n'en est pas de même pour les homologues supérieurs. Par ailleurs, rares sont les techniques de synthèse directes rapportées dans la littérature.

I-1- DONNEES BIBLIOGRAPHIQUES

Les glutarates de dialkyle α-méthyléniques (Fig. 1. n = 2, R = alkyle), ont été préparés pour la première fois en 1942 par estérification classique de l'acide α-méthylène glutarique (n = 2, R = H), obtenu selon la méthode de BUCKMANN[1]. Dans cette méthode, reprise par SOULIER et Coll.,[2] l'hydroxyméthyle malonate d'éthyle, préparé par action du formaldéhyde aqueux sur le malonate d'éthyle en présence de pipéridine, subit une dimérisation sous l'action d'une base forte. Le produit obtenu est saponifié, décarboxylé puis déshydraté en milieu fortement acide, pour conduire à l'acide α-méthylène glutarique avec un rendement faible de 15%, à partir du malonate de diéthyle (schéma 1).

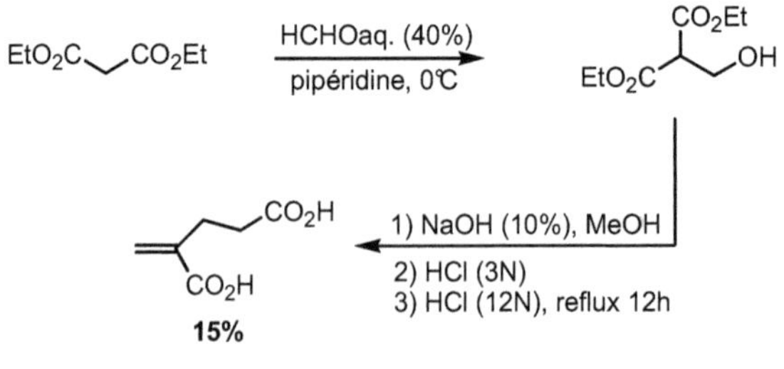

schéma 1

Le diacide obtenu est ensuite estérifié par un mélange de méthanol et d'acide sulfurique pour donner l'α-méthylène glutarate de diméthyle.

Néanmoins, cette méthode longue et fastidieuse a été abandonnée au profit des deux autres méthodes de préparation de ce δ-diester α-méthylénique, mentionnées au chapitre précédent.

La méthode mise au point par AMRI et Coll.,[3] consiste en une substitution nucléophile de l'α-(acétoxyméthyl)acrylate d'éthyle par le lithioacétate de *tert*-butyle à basse température, en présence d'une quantité catalytique de sel de cuivre, permettant d'isoler directement l'α-méthylène pentanedioate de dialkyle. Bien qu'elle soit coûteuse et relativement compliquée, cette méthode a l'avantage de différencier la position des groupements alkyles des deux fonctions esters (schéma 2).

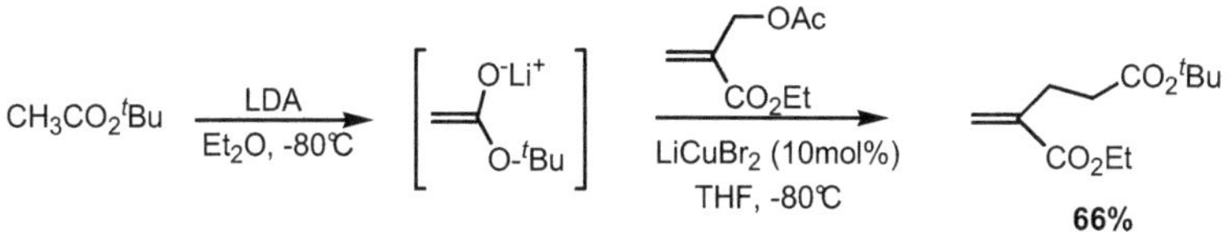

schéma 2

La deuxième méthode, développée vers la fin des années soixantes par MYMAN[4] et KITAZUME[5], consiste en une dimérisation d'un acrylate d'alkyle commercial, au reflux de THF et en présence d'une quantité catalytique de l'hexaméthylphosphorotriamine (HMPT) (appelée communément *tris*-diméthylaminophosphine (TDAP)) ou de *tris*-(cyclohexyl)phosphine[6], permettant d'accéder directement aux glutarates de dialkyle α-méthyléniques (schéma 3).

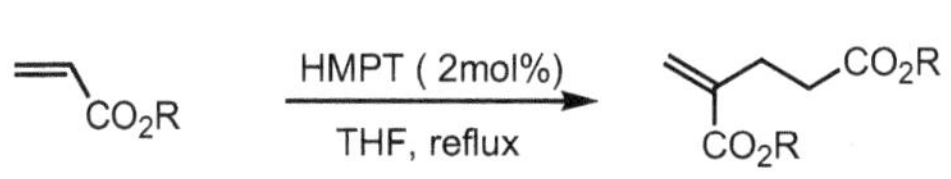

schéma 3

CHAPITRE II : Synthèse d'α-alkylidène adipates et pimelates de diéthyle

Cette dernière méthode brevetée[4], s'avère être la plus efficace, vu sa simplicité et a été par conséquent adoptée jusqu'à nos jours dans la préparation de ces δ-diesters α-méthyléniques.

Pour les α-méthylène adipates (Fig. 1. n = 3, R = alkyle) et pimelates (n = 4, R = alkyle) de dialkyle, objet de ce chapitre, on ne trouve pas dans la littérature de synthèses directes de ces diesters, n'impliquant pas les diacides correspondants.

La première synthèse des acides α-méthylène adipique (n = 3, R = H) et α-méthylène pimelique (n = 4, R = H) remonte au début des années quarantes, décrite respectivement par DALTROFF[7] et HIONG[8] qui n'identifiaient pas à l'époque les diacides obtenus. En 1954, JONES et Coll.,[9] isole l'acide α-méthylène adipique par suite d'une préparation d'un ester acétylénique lequel, par action de nickel tétracarbonylé suivie d'un traitement basique, libère le diacide α-méthylénique recherché (schéma 4).

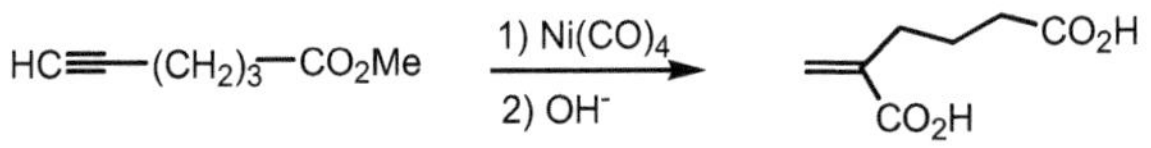

$$HC\equiv(CH_2)_3-CO_2Me \xrightarrow{\text{1) Ni(CO)}_4\text{ 2) OH}^-} \underset{CO_2H}{\overset{CO_2H}{\diagup\!\!\!\diagdown}}$$

schéma 4

Deux années plus tard, en reprenant les travaux de DALTROFF et HIONG, les structures de l'acide α-méthylène adipique et α-méthylène pimelique ont été établies par OWEN et PETO[10] qui proposèrent une synthèse rigoureuse d'α-méthylène adipate (n = 3, R = Me) et α-méthylène pimelate de diméthyle (n = 4, R = Me) par estérification des acides correspondants. Cette synthèse a été confirmée beaucoup plus tard par SOULIER[2].

En effet, les acides α-méthylène adipique et pimelique sont préparés suivant deux schémas réactionnels assez semblables. Cette synthèse consiste à additionner une molécule de formaldéhyde à la 2-éthoxycarbonylcyclanone (Fig. 1. cyclopentanone pour n =3 et cyclohexanone pour n = 4). L'alcool formé est ensuite protégé sous forme d'acétate par action de chlorure d'acétyle. L'acétate de la 2-hydroxyméthyl-2-éthoxycarbonylcyclanone obtenu est traité par une solution concentrée de soude, puis subit un clivage basique, une saponification et une déacéthylation, pour conduire au diacide α-méthylénique recherché (schéma 5).

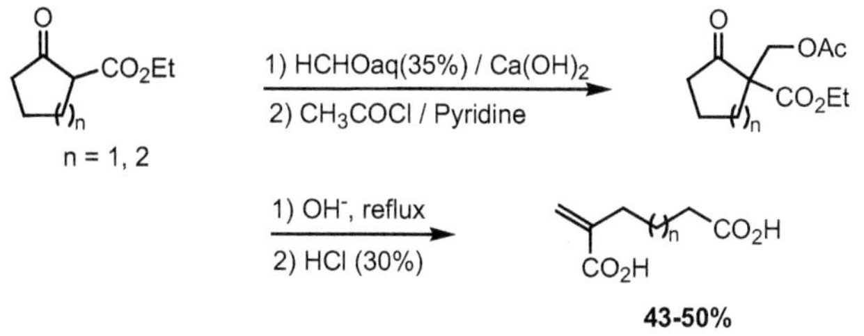

schéma 5

Ces deux diacides sont ensuite estérifiés par les méthodes usuelles (mélange méthanol-acide sulfurique) pour conduire aux diesters 1,6- et 1,7-α-méthyléniques correspondants.

Il convient également de citer les travaux de MAYER et Coll.,[11,12] qui sont inspirés de cette méthode, et ont été utilisés dans une synthèse multi-étapes de l'acide α-méthylène adipique, faisant intervenir la même éthoxycarbonylcyclopentanone et d'autres réactifs tels que le bis-chlorométhylsulfane (schéma 6).

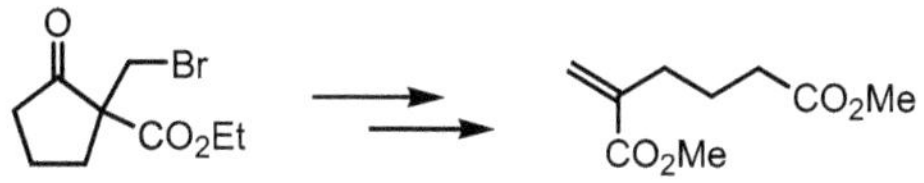

schéma 6

Récemment KNOCHEL et Coll.,[13] ont rapporté une synthèse, par voie organométallique, de l'α-méthylène pimelate de diéthyle, impliquant la condensation d'un cuprate zincique d'ordre supérieur sur un bromure allylique fonctionnel en présence de benzylamine, permettant d'isoler le diester correspondant avec un rendement de 76% (schéma 7).

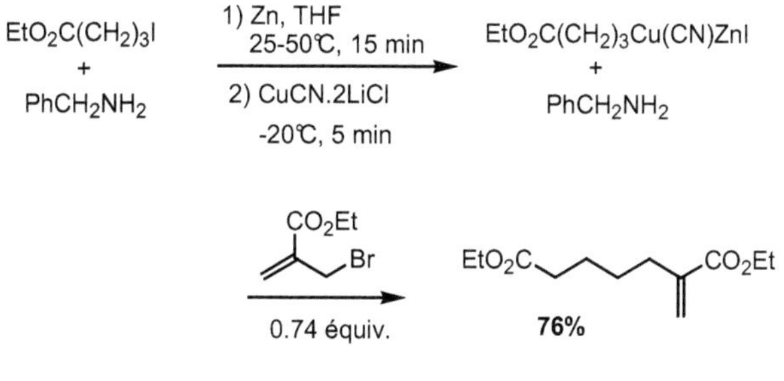

schéma 7

L'importance synthétique de l'α-méthylène adipate de dialkyle et les conditions opératoires délicates de leur obtention rapportées dans la littérature, nous ont incité à proposer un autre chemin réactionnel plus court et plus simple afin d'accéder directement à ce diester-1,6-α-méthylénique.

II- SYNTHESE D'α-METHYLENE ADIPATE DE DIETHYLE

Notre schéma synthétique, en deux étapes, consiste dans un premier temps en un couplage efficace entre le phosphonoacétate de triéthyle, réactif très bon marché, et le 4-bromobutyrate d'éthyle commercial. En effet, la condensation de l'anion du phosphonoacétate de triéthyle, préparé par action d'hydrure de sodium, sur le 4-bromobutyrate d'éthyle conduit, après hydrolyse, au phosphonate bifonctionnel **8** avec un rendement de 65% (schéma 8).

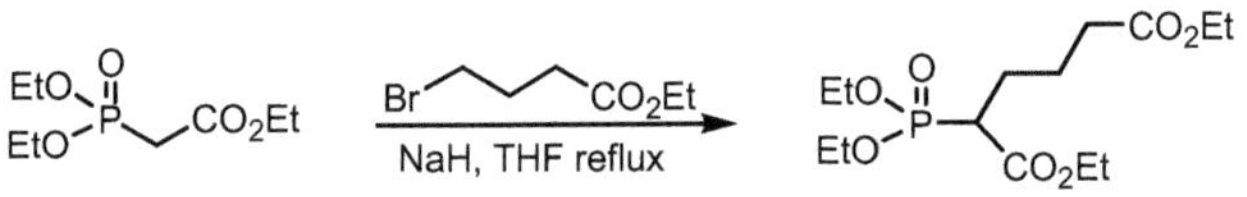

schéma 8

Le phosphonate **8** est ensuite soumis à une réaction de méthylénation *via* la réaction de Wittig-Horner en milieu hétérogène liquide - solide. L'utilisation d'une base faible telle que le carbonate de potassium et le paraformaldéhyde, sans dépolymérisation préalable dans le THF conduit, d'une manière quantitative à l'α-méthylène adipate de diéthyle[14] **9a** (schéma 9).

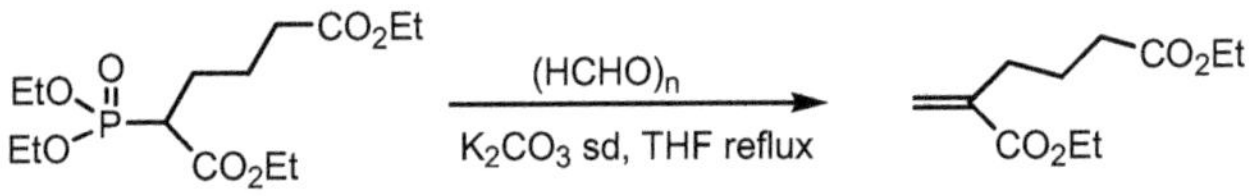

schéma 9

La réaction est lente à la température ambiante (20 heures). Cependant, quand le mélange réactionnel est porté au reflux du THF, la durée de la réaction est sensiblement réduite (4 heures). L'adipate α-méthylénique **9a** a été identifié par les méthodes spectroscopiques habituelles.

III- SYNTHESE STEREOSELECTIVE D'α-ALKYLIDENE ADIPATE DE DIETHYLE

La bonne maîtrise des conditions opératoires relatives à la réaction de Wittig-Horner, ainsi que sa mise en oeuvre aisée, nous ont été d'une grande utilité. En effet, nous avons jugé intéressant d'étendre cette réaction à une série d'aldéhydes aliphatiques dans le but d'accéder à des α-alkylidène adipates de diéthyle très peu décrits dans la littérature.

La réaction, en milieu hétérogène liquide-solide du 5-diéthoxyphosphinyl-5-éthoxycarbonylhexanedioate de diéthyle **8**, en présence de carbonate de potassium solide comme base, sur un excès d'aldéhyde conduit d'une manière univoque, *via* un mécanisme de monohydroxyalkylation suivie d'une élimination, à un mélange de deux stéréoisomères fonctionnels (*Z*) et (*E*) du diester α-alkylidénique **9(b-f)** (schéma 10).

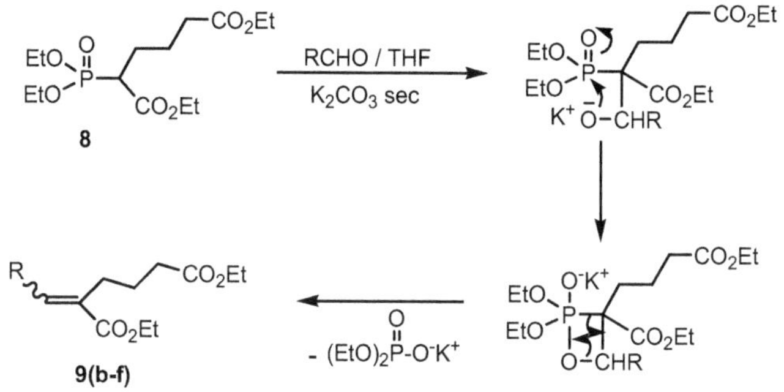

schéma 10

Les différents adipates de diéthyle α-alkylidéniques ainsi préparés et les proportions des deux stéréoisomères, calculées à partir des spectres RMN ^{1}H, sont consignés dans le Tableau X.

Tableau X : diesters 1,6-α-alkylidéniques synthétisés

Entrée	R	Temps (h)	E / Z	Rdt (%)
9a	H$^{(*)}$	4	-	98
9b	CH_3	8	84 / 16	86
9c	C_2H_5	12	83 / 17	83
9d	$^nC_3H_7$	36	78 / 22	73
9e	$^nC_4H_9$	36	68 / 32	71
9f	$^iC_4H_9$	48	78 / 22	69
9g	$^nC_5H_{11}$	48	83 / 17	63

(*) Le paraformaldéhyde est utilisé comme source de formaldéhyde

La réaction est vraisemblablement sensible à l'encombrement stérique engendré par le groupement alkyle de l'aldéhyde sur le phosphonate. Ceci se traduit par un léger abaissement du rendement et une augmentation remarquable dans le temps de contact en passant de l'acétaldéhyde au valéraldéhyde.

Par ailleurs, l'addition d'un excès de benzylamine, au reflux de l'éthanol absolu, sur le diester α-méthylénique **9a** conduit au produit d'addition conjuguée **10** avec un bon rendement, alors qu'aucun produit de cyclisation intramoléculaire n'est observé dans ce cas (schéma 11).

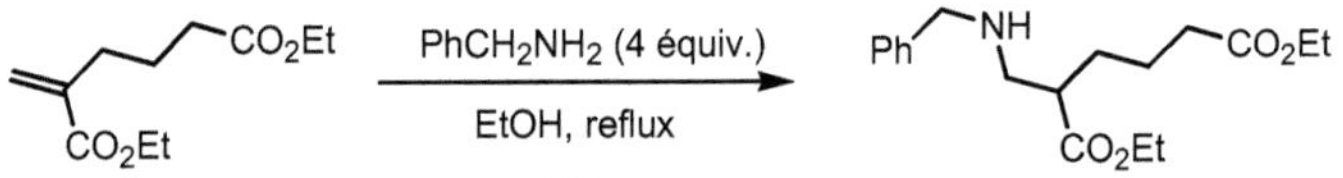

schéma 11

Au cours de nos essais, nous avons opté pour une cyclisation du diester **10**. Le traitement du β-aminoester **10** par l'hydrure de sodium dans le THF à 0°C et à la température ambiante, ne conduit à aucun produit de cyclisation. Cependant, au reflux du THF, on observe la disparition du produit de départ après quelques heures en faveur d'autres produits indésirables. Le remplacement de l'hydrure de sodium par le ^tBuOK comme base, fournit entre autres, le β-lactame fonctionnel recherché, mais avec un faible rendement, accompagné de produits secondaires. L'optimisation de cette réaction, notamment au niveau du choix de la base et du solvant, pourrait conduire à une série de β-lactames fonctionnels (schéma 12).

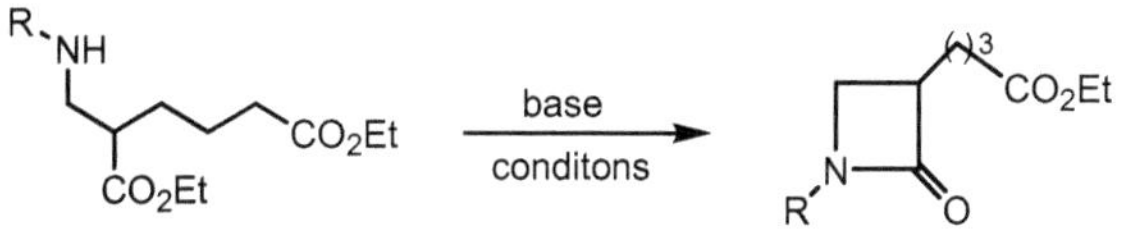

schéma 12

IV- SYNTHESE TOTALE DE L'ESTER DE LA (±)-HOMOSARKOMYCINE

IV-1- DONNEES BIBLIOGRAPHIQUES

Comme mentionné au début de ce chapitre, les α-méthylène cycloalkanones sont considérés comme des *synthons* de base pour accéder à des produits naturels et des composés bioactifs[15]. Parmi ces structures, la sarkomycine a attiré une attention particulière. Cette molécule est isolée pour la première fois en 1953 par UMEZAWA et Coll.,[16] alors que sa structure et son activité anti-tumorale ont été rapportées un peu plus tard par SCHMITZ et Coll.,[17]

L'intérêt porté par les biologistes à l'activité de cette molécule[18], a conduit un grand nombre de chimistes organiciens à focaliser leurs recherches sur la synthèse totale de la sarkomycine dans un premier temps, puis à ses homologues dans un deuxième temps.

L'accès à ce composé, n'est pas aussi aisé que le laisse penser sa structure. La plupart des travaux relevés dans la littérature concernant la synthèse de la sarkomycine font appel à des composés cyclopenténiques tels que les dérivés de la cyclopenténone[19] ou la cyclopentanone[20] comme substrats de départ (schéma 13).

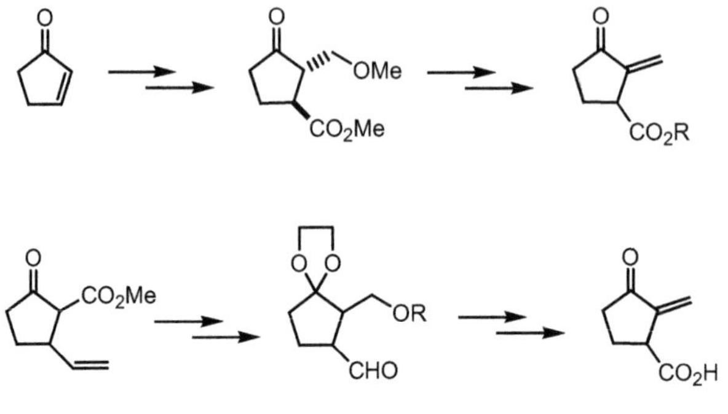

schéma 13

Des homologues inférieurs[21] (cycle à quatre chaînons) et supérieurs[22] ainsi que d'autres analogues[23] ont attiré l'intérêt des biochimistes dans le but d'étudier les activités biologiques associées à ces structures (Fig. 2.). On assiste alors, depuis une dizaine d'années, a l'apparition de plusieurs études relatives à des synthèses totales[24,25] racémiques et asymétriques de ces molécules devenues cibles.

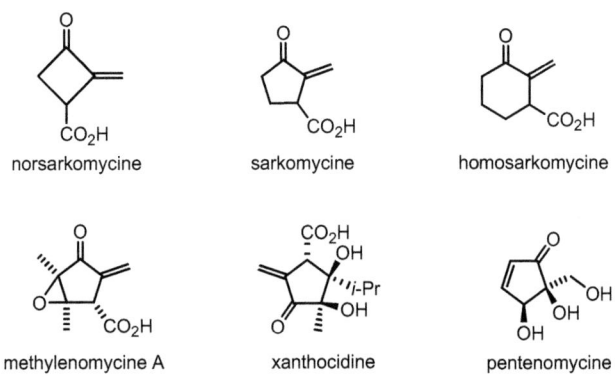

Fig. 2. Sarkomycine et quelques analogues.

CHAPITRE II : *Synthèse d'α-alkylidène adipates et pimelates de diéthyle*

IV-2- STRATEGIE DE SYNTHESE D'ESTER DE LA (±)-HOMOSARKOMYCINE

Dans un travail antérieur, AMRI et Coll.,[26] ont développé une voie d'accès à l'ester de la (±)-sarkomycine et à ses dérivés α-alkylidéniques [27] dans laquelle l'α-méthylène glutarate de dialkyle a été judicieusement employé comme *synthon* de base dans une séquence réactionnelle en quatre étapes. Il nous a donc paru plausible d'accéder, à partir d'α-méthylène adipate de diéthyle, à une molécule homologue à la sarkomycine, à six chaînons, connue sous le nom de (±)-homosarkomycine (Fig. 2.).

L'homosarkomycine est utilisée comme antibiotique mais également comme anticancéreux et a montré une activité biologique plus importante que celle de la sarkomycine. L'unique synthèse totale de cette molécule a été développée par JANKOWSKI[22] en 1971, lequel à partir d'une cétone-ester cyclique a réussi, après protection de la cétone, à réduire quantitativement la fonction ester par $LiAlH_4$. Le cétal-alcool obtenu conduit en présence de chlorure de thionyle au cétal-chlorométhylé correspondant, lequel subit une déshydrochlorination pour donner un mélange d'alcènes *endo* et *exo*-cyclique. L'introduction d'un atome de brome en position allylique puis sa substitution par un groupement cyanure suivie d'une hydrolyse acide, fournit l'homosarkomycine accompagnée, inévitablement, par son régioisomère à double liaison endocyclique, avec un rendement global très faible de 2% (schéma 14).

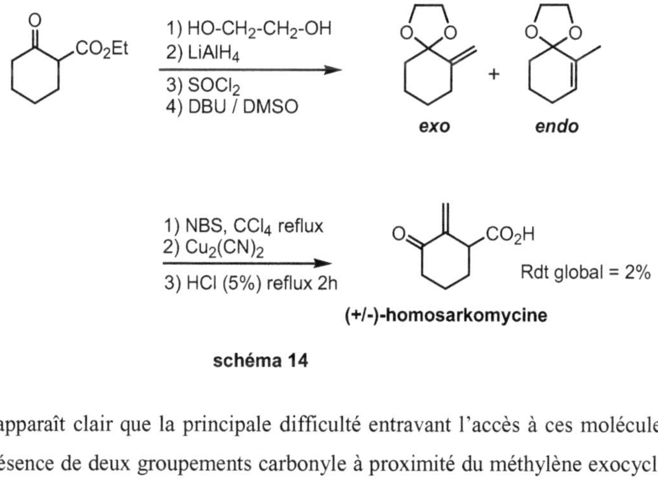

schéma 14

Il apparaît clair que la principale difficulté entravant l'accès à ces molécules réside dans la présence de deux groupements carbonyle à proximité du méthylène exocyclique. La conjugaison engendrée par cette coexistence est un facteur déstabilisant de cet édifice moléculaire. L'utilisation d'une multitude de réactifs et les conditions opératoires drastiques du schéma réactionnel ci-dessus nous ont incité à envisager un schéma rétrosynthétique plus simple pour accéder à cette molécule.

Notre stratégie de synthèse débute par une addition de Michael d'un sel de potassium du diéthylphosphite, sur l'α-méthylène adipate de diéthyle **9a** sans solvant ni agent de transfert de phase. L'adduit de Michael **11** est univoque et obtenu avec un bon rendement de 81% (schéma 15).

schéma 15

La cyclisation intramoléculaire de ce phosphonate bifonctionnel, parait simple mais a cependant posé quelques problèmes. L'examen des donnés de la littérature (cf. HOUSE et Coll.,[28]) a permis de relever quelques exemples de cyclisation intramoléculaire résultant d'une attaque d'un anion en α- d'un groupement phosphonate sur une fonction carbonyle éloignée du phosphore de cinq carbones (schéma 16).

schéma 16

En retenant les conditions décrites par ces auteurs, nous avons pu isoler le produit de cyclisation mais avec un rendement modeste de 45%. Celui-ci n'a toutefois pas pu être amélioré même en prolongeant le temps de contact (24 heures) ou en chauffant à reflux. Par ailleurs le remplacement du DME par le THF s'est avéré désavantageux. Nous avons alors utilisé l'éthylate de sodium à la place de l'hydrure de sodium. Malheureusement, le produit de cyclisation est obtenu avec un rendement ne dépassant pas les 37%. Nous avons également changé le contre anion en utilisant le tertiobutylate de potassium comme base dans le THF. Le phosphonate **11** subit, une cyclisation intramoléculaire de type Dieckman, dans des conditions opératoires douces, pour conduire avec un rendement de 73% à l'intermédiaire clé, le β-cétophosphonate **12** (schéma 17).

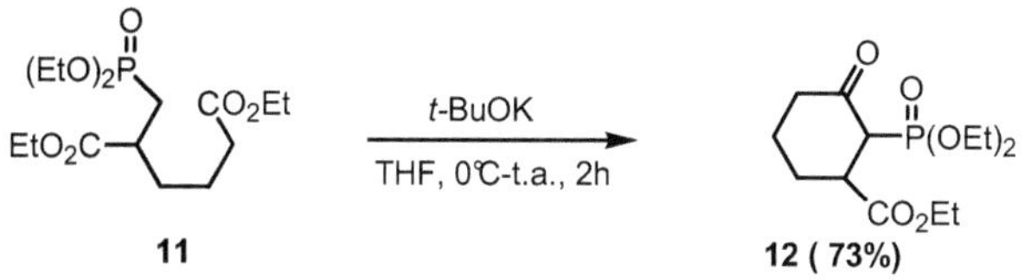

schéma 17

Le phosphonate **12** est obtenu sous forme d'un mélange de deux diastéréoisomères dans la proportion 7/3, mesurée à partir des spectres RMN du ^{31}P. Il est probable que le composé majoritaire soit le composé de stéréochimie *trans* possédant une conformation chaise avec les deux groupements volumineux (($EtO)_2P=O$) et COOEt) en position équatoriale. Le diastéréoisomère minoritaire de stéréochimie *cis* comporterait préférablement un groupement (($EtO)_2P=O$) en position axiale étant donné que la longueur de la liaison P-C est plus importante que celle de la liaison C-C, permettant ainsi de minimiser les interactions 1,3-diaxiales (Fig. 3.).

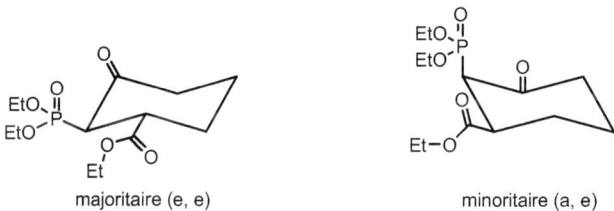

Fig. 3. deux diastéréoisomères du phosphonate 11

La méthylénation de ce phosphonate est achevée *via* la réaction de Wittig-Horner en milieu hétérogène liquide-liquide en présence du formaldéhyde aqueux à 30% et du carbonate de potassium concentré (8-10M), dans le THF. L'ester de (±)-homosarkomycine **13** est finalement isolé[14], après purification sur colonne, avec un rendement de 58% (schéma 18).

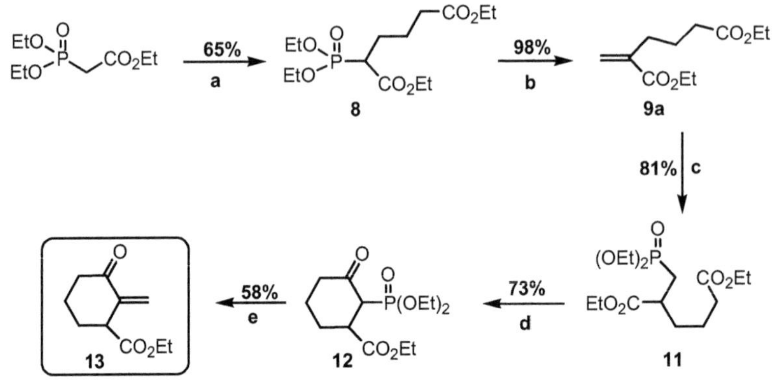

CHAPITRE II : Synthèse d'α-alkylidène adipates et pimelates de diéthyle

[Scheme showing synthesis pathway with compounds 8, 9a, 11, 12, 13 and ester de (+/-)-homosarkomycine]

(a) NaH, Br-(CH$_2$)$_3$-COOEt, THF, reflux, 8h (b) (HCHO)$_n$, K$_2$CO$_3$, THF, reflux, 4h (c) (EtO)$_2$P(O)H, K$_2$CO$_3$, 75°C, 16h (d) ^{t}BuOK, THF, 0°C - t.a., 2h (e) HCHO(30%), K$_2$CO$_3$, THF/H$_2$O, 1h.

schéma 18

Il est légitime de souligner l'avantage de notre méthode, en tenant compte de la disponibilité des substrats de départ et du faible nombre d'étapes nécessaires pour réaliser cette synthèse totale avec un rendement global de 22%, en comparaison du protocole expérimental mentionné dans la seule référence (22).

V- SYNTHESE DE L'α-METHYLENE PIMELATE DE DIETHYLE

Compte tenu de l'importance synthétique des diesters α-méthyléniques et de la tentative concluante relative à l'implication de l'α-méthylène adipate de diéthyle dans la synthèse totale de l'ester d'homosarkomycine, nous avons pensé exploiter davantage notre méthodologie de synthèse à cette famille d'accepteur de Michael. Dans cette optique, nous avons jugé utile de synthétiser l'α-méthylène pimelate de diéthyle en suivant le même protocole expérimental.

En effet la condensation de l'anion de phosphonoacétate de triéthyle sur un léger excès de 5-bromovalérate d'éthyle conduit, après hydrolyse, au phosphonate bifonctionnel **14** avec un rendement de 70% (schéma 19).

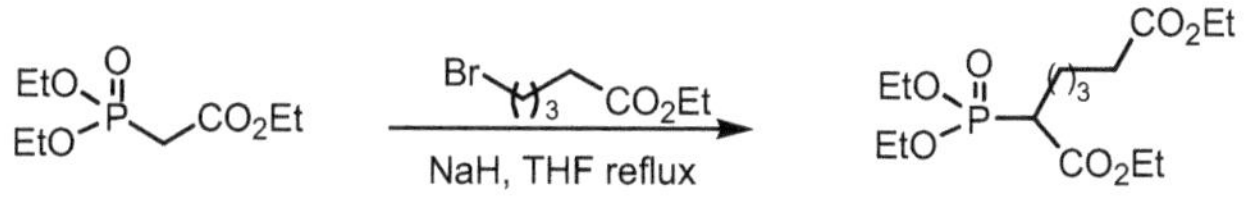

CHAPITRE II : Synthèse d'α-alkylidène adipates et pimelates de diéthyle

$$(EtO)_2P(O)-CH_2-CO_2Et \xrightarrow[\text{NaH, THF reflux}]{Br-(CH_2)_3-CO_2Et} (EtO)_2P(O)-CH((CH_2)_3CO_2Et)-CO_2Et$$

14 (70%)

schéma 19

L'application de la réaction de Wittig-Horner en milieu hétérogène solide-liquide au phosphonate **14** en présence de paraformaldéhyde et de carbonate de potassium, conduit d'une manière univoque à l'α-méthylène pimelate de diéthyle **15** (schéma 20)

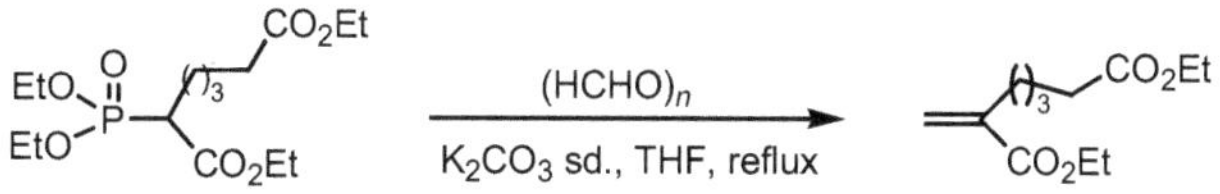

$$\mathbf{14} \xrightarrow[\text{K}_2\text{CO}_3 \text{ sd., THF, reflux}]{(HCHO)_n} \mathbf{15} \ (95\%)$$

schéma 20

Cependant la généralisation de la méthode sur des aldéhydes aliphatiques comme cela a été le cas avec le phosphonate **8** n'a pas pu être réalisée dans les conditions opératoires décrites auparavant.

En effet cette réaction reste prometteuse surtout avec les aldéhydes de petites tailles tels que le formaldéhyde et un peu moins pour l'acétaldéhyde mais elle s'avère délicate lors de l'extension aux homologues supérieurs, vu l'encombrement stérique.

En prenant en considération l'analogie structurale entre l'α-méthylène adipate et l'α-méthylène pimelate de diéthyle d'une part ; la sarkomycine et l'homosarkomycine d'autre part, nous avons jugé intéressant d'impliquer ce nouveau diester-1,7 α-méthylénique **15** dans une synthèse totale d'un homologue supérieur de l'ester de la (±)-homosarkomycine, à sept chaînons appelé communément ester de la (±)-*bis*-homosarkomycine.

VI- SYNTHESE TOTALE D'UN ESTER DE LA *bis*-HOMOSARKOMYCINE

Les données bibliographiques ne font état d'aucune tentative de synthèse de ce β-cétoester à sept chaînons α-méthylénique. C'est aussi une preuve supplémentaire de la difficulté d'accès à cette famille de composés à méthylène exocyclique. Toutefois, seuls les travaux de LI et Coll.,[29] font état d'une technique expérimentale basée sur l'élargissement d'un cycle à six chaînons suivie d'une intercalation d'un groupement éthylidène exocyclique (schéma 21).

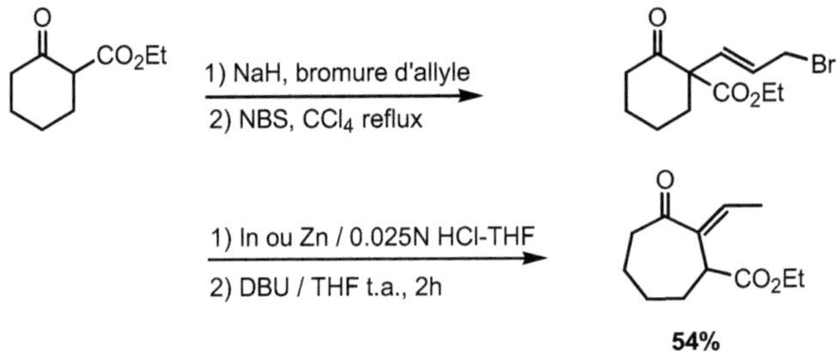

schéma 21

Cependant la méthodologie rapportée par ces auteurs ne permet pas d'accéder à un méthylène exocyclique.

Notre stratégie d'accès à l'ester de *bis*-homosarkomycine débute par une addition d'un excès de sel de diéthyle phosphite sur l'α-méthylène pimelate de diéthyle **15** en présence de carbonate de potassium solide dans le THF et d'une quantité catalytique de tétra-*n*-butylammonium hydrogénosulfate (HSTBA) comme agent de transfert de phase. Le nouveau phosphonate **16** est obtenu, après distillation, avec un rendement de 86% (schéma 22).

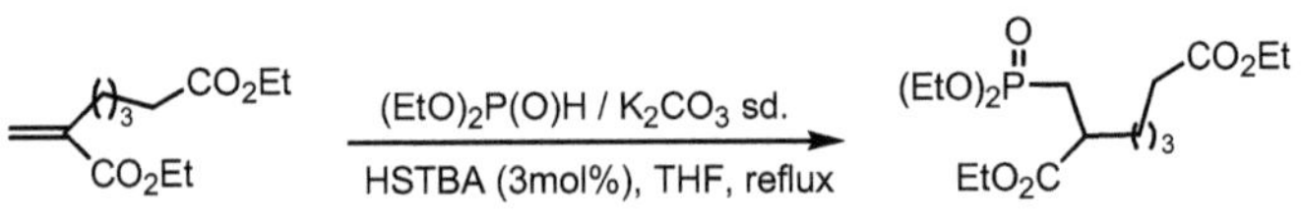

schéma 22

CHAPITRE II : Synthèse d'α-alkylidène adipates et pimelates de diéthyle

L'action du tertiobutylate de potassium dans le THF sur le phosphonate **16** a permis sa cyclisation intramoléculaire pour conduire au β-cétophosphonate cyclique **17** sous forme d'un mélange de deux diastéréoisomères (4/1) avec un rendement de 68%. Ce dernier a été sensiblement amélioré (78%) par utilisation d'hydrure de sodium dans le 1,2-diméthoxyéthane (DME) à reflux (schéma 23).

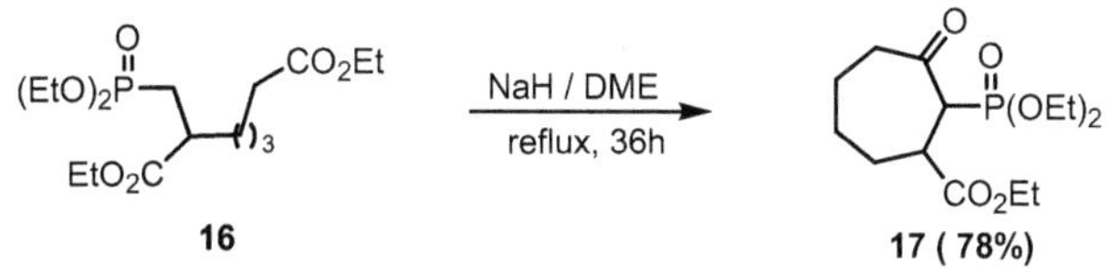

schéma 23

La condensation du formaldéhyde aqueux (30%) sur le phosphonate cyclique **17**, en présence de carbonate de potassium aqueux (8-10M), conduit à l'ester de (±)-*bis*-homosarkomycine **18**[30].

Tout comme l'ester de la (±)-homosarkomycine, la synthèse totale de son homologue supérieur a nécessité cinq étapes dont le rendement global est de 23%[30] (schéma 24).

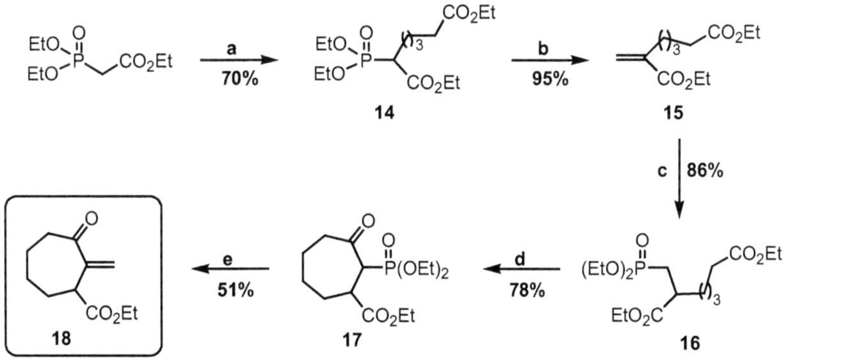

(a) NaH, Br-(CH$_2$)$_4$-CO$_2$Et, THF, reflux 12h (b) (HCHO)$_n$, K$_2$CO$_3$, THF, reflux, 8h (c) (EtO)$_2$P(O)H, K$_2$CO$_3$, HSTBA (3mol%), THF, reflux, 24h (d) NaH, DME, reflux, 36h (e) HCHO (30%), K$_2$CO$_3$, THF/H$_2$O, t.a., 2h.

schéma 24

Il est à signaler que la *bis*-homosarkomycine, l'homosarkomycine, tout comme la sarkomycine, sont des structures très sensibles aux traitements acide ou basique à cause de l'électrophilie fortement exaltée de méthylène exocyclique à proximité de deux groupements électroattracteurs. Ces structures sont sujettes à plusieurs réactions indésirables telles que la dimérisation voire la polymérisation, rien que sous l'effet de la lumière du jour à la température ambiante. C'est aussi la raison pour laquelle ces produits sont très peu ou pas commercialisés.

VII- CONCLUSION

Nous avons montré dans ce chapitre que la réaction de Wittig-Horner en milieu hétérogène et en présence d'une base faible (K_2CO_3) constituait une voie prometteuse pour accéder à une famille de diesters-1,6 et -1,7-α-alkylidéniques très recherchée en synthèse organique.

Par ailleurs, nous avons développé une méthodologie simple, peu onéreuse permettant d'accéder aux homologues supérieurs, à six et à sept chaînons, de l'ester de la sarkomycine. L'activité biologique montrée par l'homosarkomycine par rapport à la sarkomycine d'une part, et l'analogie structurale entre la sarkomycine, l'homosarkomycine et la *bis*-homosarkomycine d'autre part, constituent, à notre avis, des arguments favorables et suffisants pour tester l'activité biologique de cet homologue supérieur à sept chaînons.

BIBLIOGRAPHIE

1. Buckmann, H. J. *J. Am. Chem. Soc.* **1942**, *64*, 2704.
2. El Gandour, N.; Soulier, *J. Bull. Soc. Chim. Fr.* **1971**, *6*, 2290.
3. Amri, H.; Rambaud, M.; Villiéras, J. *J. Organomet. Chem.* **1986**, *308*, C27.
4. Myman, F. (Imperial Chemical Industries, Ltd) *Brit. Patent* **1965** 1100350, *Chem. Abstr.* **1968**, *69*, 10093W.
5. Kitazume, S. (Mitsubishi Petrochemical Co.) *Japan. Kokai* **1977**, *77*, 105. *Chem. Abstr.* **1978**, *88*, 89131f.
6. (a) Nemec, J. W. ; Wuchter, R. B. (Rohn And Haas Co.) *US. Patent* **1979**, *4*(145), 559. *Chem. Abstr.*, **1979**, *91*, 49609; (b) Cookson, R. C.; Smith, S. A. *J. Chem. Soc. Perkin I* **1979**, 2447.
7. Daltroff, L. *Ann. Chim.* **1940**, *14*, 207.
8. Hiong, K. W. *Ann. Chim.* **1942**, *17*, 269.
9. Jones, E. R. H.; Whitham, G. H.; Whiting, M. C. *J. Chem. Soc.* **1954**, 1865.
10. Owen, L. N.; Peto, A. G. *J. Chem. Soc.* **1956**, 1146.
11. Mayer, R.; Schubert, T. A. *Chem. Ber.* **1958**, *91*, 768.
12. Mayer, R.; Runger, K. *J. Prakt. Chem.* **1961**, 291.
13. (a) Knoess, H. P.; Furlong, M. T.; Rzema, M. J.; Knochel, P. *J. Org. Chem.* **1991**, *56*, 5974. (b) Klement, I.; Knochel, P. *Tetrahedron Lett.* **1994**, *35*, 1177. (c) Vettel, S.; Vaupel, A.; Knochel, P. *J. Org. Chem.* **1996**, *61*, 7473.
14. Samarat, A.; Fargeas, V.; Villiéras, J.; Lebreton, J.; Amri, H. *Tetrahedron Lett.* **2001**, *42*, 1273.
15. (a) Hoffmann, H. M. R. *Angew. Chem. Int. Ed. Engl.* **1985**, *24*, 94; (b) Park, B. K.; Nakagawa, M.; Hirota, A.; Nakayama, M. *J. Antibio.* **1988**, *6*, 751.
16. Umezawa, H.; Takeuchi, T.; Nitta, K.; Yamamoto, T.; Yamaoka, S. *J. Antibiotics, Ser. A.* **1953**, *6*, 101.
17. Hooper, I. R.; Cheney, L. C.; Cron, M. J.; Fardig, O. B.; Johnson D. A.; Johnson D. L.; Pelermiti, F. M., Schmitz, H.; Wheatley, W. B. *Antibiot. Chemother.* **1955**, *5*, 585.
18. Sung, S. C.; Quastel, J. H. *Cancer Res.* **1963**, *23*, 1549.

19. (a) Marx, J. N.; Minaskanian, G. *Tetrahedron Lett.* **1979**, *43*, 4175; (b) Marx, J. N.; Minaskanian, G. *J. Org. Chem.* **1982**, *47*, 3306. (c) Barreiro, E. J. *Tetrahedron Lett.* **1982**, *23*, 3605.

20. (a) Misumi, A.; Furuta, K.; Yamamoto, H. *Tetrahedron Lett.* **1984**, *25*, 671; (b) Otera, J.; Niibo, Y.; Aikawa, H. *Tetrahedron Lett.* **1987**, *28*, 2147; (c) Mikolajczyk, M.; Zurawinski, R.; Kielbasinski, P. *Tetrahedron Lett.* **1989**, *30*, 1143.

21. Vidal, J.; Huet, F. *J. Org. Chem.* **1988**, *53*, 611.

22. (a) Jankowski, K.; *Tetrahedron Lett.* **1971**, *20*,1733; (b) Jankowski, K. *C.A. Patent* 1018185, **1977**; *Chem. Abstr.* **1977**, *88*, 62056.

23. (a) Balczewski, P.; Mikolajzyk, M. *Org. Lett.* **2000**, *2*, 1153. (b) Hong, F. T.; Lee, K. S.; Liao, C. C. *J. Chin. Chem. Soc.* **2000**, *47*, 77.

24. (a) Martinez, A. G.; Vilar, T. E.; Fraile, A. G.; Cereo, S. M.; Osuna, S. O.; Maroto, B. L. *Tetrahedron Lett.* **2001**, *42*, 7795. (b) Mikolajczyk, M.; Mikina, M.; Zurawinski, R. *Pure Appl. Chem.* **1999**, *71*, 473.

25. (a) Boschelli, D.; Smith, A. B. *Tetrahedron Lett.* **1981**, *22*, 2733. (b) Sugahara, T.; Ogasawara, K. *Synlett* **1999**, 419.

26. (a) Amri, H.; Villiéras, J. *Tetrahedron Lett.* **1987**, *28*, 5521; (b) Amri, H.; Rambaud, M.; Villiéras, J. *Tetrahedron Lett.* **1989**, *30*, 7381.

27. Beji, F.; Besbes, R.; Amri, H. *Synth. Commun.* **2000**, *30*, 3947.

28. House, H. O.; Haack, J. L.; McDaniel, W. C.; Vanderveer, D. *J. Org. Chem.* **1983**, *40*, 1643.

29. Haberman, J. X.; Li, C-J. *Tetrahedron Lett.* **1997**, *38*, 4735.

30. Samarat, A.; Landais, Y.; Amri, H. *Tetrahedron Lett.* **2004**, *45*, 2049.

EXPERIMENTAL SECTION

General Remarks

^{1}H and ^{13}C Nuclear Magnetic Resonance were recorded on a Bruker AC-200 FT (^{1}H: 200 MHz, ^{13}C: 57 MHz), and on a Bruker AC-300 FT (^{1}H: 300 MHz, ^{13}C: 75 MHz) using $CDCl_3$ as solvent and TMS as an internal reference. The chemical shifts (δ) and coupling constants (J) are respectively expressed in ppm and Hz.

IR spectra were recorded on a Perkin Elmer Paragon 1000PC spectrophotometer. The wave number (ν) is expressed in cm^{-1}.

Mass spectra MS were recorded on Hewlett Packard apparatus 5989A (EI with ionisation potential of 70 eV).

Reaction progress were controlled by an Intersmat 20M gaz chromatograph using 3m × 3mm column packed with 10% SE 30 and by TLC on silica gel plates (Fluka Kieselgel 60 F_{254}).

For column chromatography, Fluka Kieselgel 70-230 mesh was used. Proportions of eluents are expressed in volume to volume (v:v).

All anhydrous and inert atmosphere reactions were performed under nitrogen gas. The solvents were dried previously, tetrahydrofuran, 1,2-dimethoxyethan and diethyl ether were distilled from sodium and benzophenone.

Synthesis of functionalized phosphonate 8

Triethyl phosphonoacetate and ethyl 4-bromobutyrate are commercially available.

In 250 mL two-necked round-bottomed flask, fitted with a reflux condenser and 100 mL pressure-equalizing addition funnel, a suspension of sodium hydride (2.64 g, 0.11mol, 1.1 equiv.) in anhydrous THF (100 mL) was cooled to 0°C in an ice bath. Triethyl phosphonoacetate (20.43 mL, 0.1 mol, 1 equiv.) diluted in dry THF (20 mL), was added dropwise under nitrogen atmosphere. After complete addition the mixture was stirred for one hour at 0°C, then warmed to room temperature and stirred for two additional hours. The mixture was heated to gentle reflux and ethyl 4-bromobutyrate (19.16 mL, 0.13 mol, 1.3 equiv.) was added neat and the reaction was refluxed for further a 8 hours then cooled and quenched with a saturated solution of NH$_4$Cl then extracted with ethyl acetate. The organic layer was washed with brine, dried over MgSO$_4$ and evaporated. The crude oil was distilled under reduced pressure to give the phosphonate **8** (21.97 g, 65%) as a colorless oil.

2-(Diethoxyphosphoryl) hexanedioic acid diethyl ester **8**

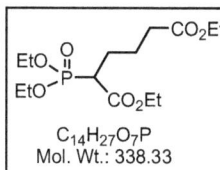

C$_{14}$H$_{27}$O$_7$P
Mol. Wt.: 338.33

Colorless oil; b.p. 135-137°C/0.1mmHg. - IR (CHCl$_3$) : ν = 1737 cm^{-1} (C=O), 1731 (C=O). - ^{1}H NMR (300 MHz, CDCl$_3$): δ = 4.23-4.08 (4q, 8H, 4OCH$_2$), 2.96 (ddd, J = 16.8, 10.8, 9.7, 1H, CHP), 2.32 (t, J = 7.7, 2H, CH$_2$), 2.13-1.82 (m, 2H, CH$_2$), 1.68 (m, 2H, CH$_2$), 1.36-1.23 (4t, 12H, 4CH$_3$). - ^{13}C NMR (75 MHz, CDCl$_3$): δ = 172.7 (C=O), 168.8 (C=O), 62.6 (OCH$_2$), 62.4 (OCH$_2$), 61.3 (OCH$_2$), 60.2 (OCH$_2$), 46.3 (d, $^1J_{PC}$ = 131.3, CHP), 33.6 (CH$_2$), 26.4 (CH$_2$), 23.7 (CH$_2$), 16.2 (CH$_3$), 16.1 (CH$_3$), 14.0 (CH$_3$), 13.9 (CH$_3$). - ^{31}P NMR (121.5 MHz, CDCl$_3$): δ = 22.0. - MS (EI, 70 eV); m/z (%) : 338 (M$^+$, 2), 293 (70), 265 (28), 251 (43), 237 (100), 223 (60), 29 (55).

Synthesis of diethyl α-methylene adipate 9a

In a 100 mL flask equipped with a reflux condenser protected by a calcium chloride drying tube, a mixture of phosphonate **8** (13.53 g, 40 mmol), anhydrous solid potassium carbonate (11.04 g, 80 mmol, 2 equiv.) and paraformaldehyde (2.4 g, 80 mmol, 2 equiv.) in dry THF (40 mL) was refluxed for 4 hours. The reaction mixture was cooled and quenched with a saturated solution of NaCl then extracted with ether (4 × 40 mL). The organic layer was filtered through celite and evaporated in vacuum. The crude product was purified by flash chromatography on silica gel (AcOEt / Hexane, 1:4) or distilled under reduced pressure to afford the diethyl α-methylene adipate **9a** (8.39 g, 98%) as a colorless liquid.

2-Methylene hexanedioic acid diethyl ester **9a**

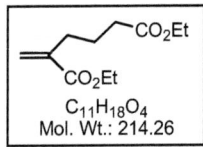

$C_{11}H_{18}O_4$
Mol. Wt.: 214.26

Colorless liquid; b.p. 74-76°C / 0.3 mmHg. - IR (CHCl$_3$) : ν = 1721 cm^{-1} (C=O), 1714 (C=O), 1630 (C=C). - ^{1}H NMR (300 MHz, CDCl$_3$): δ = 6.17 (s, 1H, =CH_2), 5.55 (s, 1H, =CH_2), 4.22 (q, J = 7.2, 2H, OCH$_2$), 4.17 (q, J = 7.1, 2H, OCH$_2$), 2.35 (m, 4H, 2CH$_2$), 1.82 (qt, J = 7.4, 2H, CH$_2$), 1.31 (t, J = 7.1, 3H, CH$_3$), 1.28 (t, J = 7.2, 3H, CH$_3$). - ^{13}C NMR (75 MHz, CDCl$_3$): δ = 173.0 (C=O), 166.7 (C=O), 139.8 (C), 124.8 (CH), 60.4 (OCH$_2$), 60.0 (OCH$_2$), 33.4 (CH$_2$), 30.1 (CH$_2$), 23.4 (CH$_2$), 14.0 (CH$_3$), 13.9 (CH$_3$). - MS (EI, 70 eV); *m/z* (%) : 214 (M$^+$, 1), 169 (100), 141 (98), 123 (70), 113 (83), 29 (89).

Synthesis of 2-alkylidene adipates 9(b-f)

General procedure: A mixture of phosphonate **8** (1.69 g, 5 mmol) and anhydrous solid potassium carbonate (1.38 g, 10 mmol, 2 equiv.) in dry THF (5 mL) was stirred one hour at room temperature then aldehyde (10 mmol, 2 equiv.) was added. The reaction mixture was stirred for 12 to 48 hours at room temperature then diluted with saturated NaCl solution (10 mL) and extracted with ether (3 × 20 mL). The organic layer was dried over MgSO$_4$, filtered and concentrated in vacuum. The crude product was purified on silica gel column chromatography (AcOEt / Hexane, 1:4) to afford 2-alkylidene adipate **9** as a mixture of two stereoisomers.

Spectral data of adipates 9(b-g)

(*E,Z*)-2-Ethylidene hexanedioic acid diethyl ester **9b**

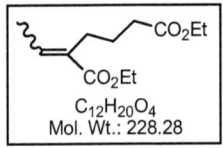

$C_{12}H_{20}O_4$
Mol. Wt.: 228.28

Colorless liquid; IR (CHCl$_3$) : ν = 1723 cm^{-1} (C=O), 1703 (C=O), 1646 (C=C). - ^{1}H NMR (300 MHz, CDCl$_3$): δ = 6.90 (q, J = 7.2, 1H, CH-*E*), 5.94 (q, J = 7.2, 1H, CH-*Z*), 4.20 (q, J = 7.2, 2H,

OCH$_2$), 4.16 (q, J = 7.2, 2H, OCH$_2$), 2.33 (m, 4H, 2CH$_2$), 1.82 (d, J = 7.2, 3H, CH$_3$), 1.72 (m, 2H, CH$_2$), 1.31 (t, J = 7.2, 3H, CH$_3$), 1.28 (t, J = 7.2, 3H, CH$_3$). - ^{13}C NMR (75 MHz, CDCl$_3$): δ = 173.4 (C=O), 166.7 (C=O), 139.8 (CH), 124.8 (C), 60.2 (OCH$_2$), 60.1 (OCH$_2$), 33.8 (CH$_2$), 25.5 (CH$_2$), 24.2 (CH$_2$), 15.6 (CH$_3$), 14.1 (CH$_3$), 14.0 (CH$_3$).

(*E,Z*)-2-Propylidene hexanedioic acid diethyl ester **9c**

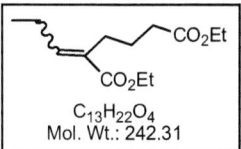
C$_{13}$H$_{22}$O$_4$
Mol. Wt.: 242.31

Pale Yellow liquid; IR (CHCl$_3$) : ν = 1724 cm^{-1} (C=O), 1702 (C=O), 1643 (C=C). - ^{1}H NMR (300 MHz, CDCl$_3$): δ = 6.77 (t, J = 7.7, 1H, CH-*E*), 5.94 (t, J = 7.4, 1H, CH-*Z*), 4.21 (q, J = 7.2, 2H, OCH$_2$), 4.16 (q, J = 7.2, 2H, OCH$_2$), 2.34 (m 4H, 2CH$_2$), 2.20 (m, 2H, CH$_2$), 1.78 (qt, J = 7.6, 2H, CH$_2$), 1.32 (t, J = 7.2, 3H, CH$_3$), 1.29 (t, J = 7.2, 3H, CH$_3$), 1.03 (t, J = 7.4, 3H, CH$_3$). - ^{13}C NMR (75 MHz, CDCl$_3$): δ = 173.2 (C=O), 167.5 (C=O), 144.6 (CH), 130.4 (C), 60.1 (OCH$_2$), 59.8 (OCH$_2$), 33.6 (CH$_2$), 25.7 (CH$_2$), 24.2 (CH$_2$), 21.6 (CH$_2$), 14.1 (CH$_3$), 13.7 (CH$_3$), 13.1 (CH$_3$).

(*E,Z*)-2-Butylidene hexanedioic acid diethyl ester **9d**

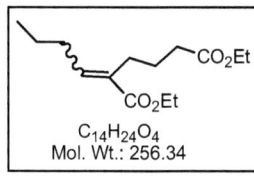
C$_{14}$H$_{24}$O$_4$
Mol. Wt.: 256.34

Pale yellow liquid; IR (CHCl$_3$) : ν = 1724 cm^{-1} (C=O), 1704 (C=O), 1643 (C=C). - ^{1}H NMR (300 MHz, CDCl$_3$): δ = 6.81 (t, J = 7.4, 1H, CH-*E*), 5.94 (t, J = 7.7, 1H, CH-*Z*), 4.21 (q, J = 7.2, 2H, OCH$_2$), 4.16 (q, J = 7.2, 2H, OCH$_2$), 2.32 (m 4H, 2CH$_2$), 2.18 (q, J = 7.2, 2H, CH$_2$), 1.76 (m, 2H, CH$_2$), 1.51 (qt, J = 7.4, 2H, CH$_2$), 1.30 (t, J = 7.2, 3H, CH$_3$), 1.25 (t, J = 7.2, 3H, CH$_3$), 0.92 (t, J = 7.2, 3H, CH$_3$). - ^{13}C NMR (75 MHz, CDCl$_3$): δ = 173.3 (C=O), 167.6 (C=O), 143.1 (CH), 131.4 (C), 60.2 (OCH$_2$), 59.9 (OCH$_2$), 33.4 (CH$_2$), 30.4 (CH$_2$), 25.8 (CH$_2$), 24.2 (CH$_2$), 21.9 (CH$_2$), 14.1 (CH$_3$), 13.7 (CH$_3$), 13.6 (CH$_3$).

(*E,Z*)-2-Pentylidene hexanedioic acid diethyl ester **9e**

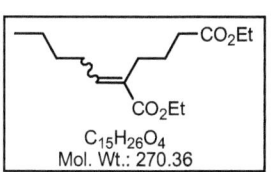
C$_{15}$H$_{26}$O$_4$
Mol. Wt.: 270.36

Pale yellow liquid; IR (CHCl$_3$) : ν = 1723 cm^{-1} (C=O), 1704 (C=O), 1643 (C=C). - ^{1}H NMR (300 MHz, CDCl$_3$): δ = 6.73 (t, J = 7.7, 1H, CH-*E*), 5.86 (t, J = 7.7, 1H, CH-*Z*), 4.15 (q, J = 6.9, 2H, OCH$_2$), 4.16 (q, J = 7.2, 2H, OCH$_2$), 2.31-2.26 (m, 4H, 2CH$_2$), 2.14 (m, 2H, CH$_2$), 1.72 (qt, J = 7.7, 2H, CH$_2$), 1.27 (m, 4H, 2CH$_2$), 1.26 (t, J = 6.9, 3H, CH$_3$), 1.23 (t, J = 7.2, 3H, CH$_3$), 0.88 (t, J = 6.7, 3H, CH$_3$). - ^{13}C NMR (75 MHz, CDCl$_3$): δ = 173.3 (C=O), 167.8 (C=O), 143.4 (CH),

131.3 (C), 60.3 (OCH$_2$), 60.0 (OCH$_2$), 34.4 (CH$_2$), 30.8 (CH$_2$), 27.6 (CH$_2$), 24.3 (CH$_2$), 22.5 (CH$_2$), 14.2 (CH$_2$), 14.1 (CH$_3$), 13.9 (CH$_3$), 13.7 (CH$_3$).

(*E*,*Z*)-2-(3-Methylbutylidene) hexanedioic acid diethyl ester **9f**

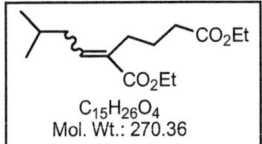

Yellow liquid; IR (CHCl$_3$) : ν = 1725 cm^{-1} (C=O), 1715 (C=O), 1642 (C=C). - ^{1}H NMR (300 MHz, CDCl$_3$): δ = 6.81 (t, *J* = 7.7, 1H, CH-*E*), 5.92 (t, *J* = 7.7, 1H, CH-*Z*), 4.21 (q, *J* = 7.2, 2H, OCH$_2$), 4.18 (q, *J* = 6.9, 2H, OCH$_2$), 2.33 (m, 4H, 2CH$_2$), 2.08 (t, *J* = 7.2, 2H, CH$_2$), 1.73 (m, 3H, CH+CH$_2$), 1.32 (t, *J* = 7.2, 3H, CH$_3$), 1.26 (t, *J* = 6.9, 3H, CH$_3$), 0.92 (d, *J* = 6.7, 6H, 2CH$_3$). - ^{13}C NMR (75 MHz, CDCl$_3$): δ = 173.3 (C=O), 167.6 (C=O), 142.2 (CH), 131.9 (C), 60.2 (OCH$_2$), 59.9 (OCH$_2$), 37.4 (CH$_2$), 33.9 (CH$_2$), 28.6 (CH), 25.9 (CH$_2$), 24.2 (CH$_2$), 22.4 (CH$_3$), 22.3 (CH$_3$), 14.2 (CH$_3$), 14.1 (CH$_3$).

(*E*,*Z*)-2-Hexylidene hexanedioic acid diethyl ester **9g**

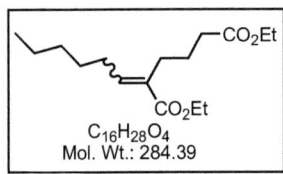

Yellow liquid; IR (CHCl$_3$) : ν = 1724 cm^{-1} (C=O), 1698 (C=O), 1643 (C=C). - ^{1}H NMR (300 MHz, CDCl$_3$): δ = 6.76 (t, *J* = 7.7, 1H, CH-*E*), 5.83 (t, *J* = 7.7, 1H, CH-*Z*), 4.17 (q, *J* = 7.2, 2H, OCH$_2$), 4.18 (q, *J* = 7.2, 2H, OCH$_2$), 2.34-2.25 (m, 4H, 2CH$_2$), 2.14 (q, *J* = 7.2, 2H, CH$_2$), 1.70 (qt, *J* = 7.7, 2H, CH$_2$), 1.38 (m, 2H, CH$_2$), 1.30 (m, 2H, CH$_2$), 1.28 (t, *J* = 7.2, 3H, CH$_3$), 1.23 (t, *J* = 7.2, 3H, CH$_3$), 0.87 (m, 5H, CH$_2$+CH$_3$). - ^{13}C NMR (75 MHz, CDCl$_3$): δ = 173.4 (C=O), 167.7 (C=O), 143.6 (CH), 131.3 (C), 60.3 (OCH$_2$), 60.1 (OCH$_2$), 33.8 (CH$_2$), 31.6 (CH$_2$), 29.0 (CH$_2$), 25.9 (CH$_2$), 22.4 (CH$_2$),14.3 (CH$_2$), 14.2 (CH$_2$), 14.1 (CH$_3$), 14.0 (CH$_3$), 13.9 (CH$_3$).

Synthesis of β-aminoester 10

In 50 mL flask equipped with a reflux condenser protected by calcium chloride drying tube, a mixture of diester **9a** (1.5 g, 7 mmol), and benzyl amine (3 g, 28 mmol, 4 equiv.) in absolute ethanol (12 mL) was stirred at refluxed for 48 hours. The reaction mixture was cooled and the ethanol was removed in vacuo. The crude product was purified by flash chromatography on silica gel to afford β-aminoester **10** as a colorless liquid (1.8 g, 80%).

2-(*N*-Benzylaminomethyl) hexanedioic acid diethyl ester **10**

Colorless liquid; R_f = 0.51 (AcOEt/Hexane, 1:1). - IR (CHCl$_3$) : ν = 2982 cm^{-1} (NH), 1724 (C=O), 1117 (C=O). - ^{1}H NMR (300 MHz, CDCl$_3$): δ = 7.30 (m, 5H, aromatic H), 4.16 (q, *J* = 6.9, 2H, OCH$_2$), 4.12 (q, *J* = 7.3, 2H, OCH$_2$), 3.77 (s, 2H, C*H*$_2$Ph), 2.90-2.66 (d AB, J_{AB} = 11.7, 8.8, 2H, CH$_2$N), 2.57 (m, 1H, CH), 2.28 (t, *J* = 7.4, 2H, CH$_2$), 1.63-1.53 (m, 4H, 2CH$_2$), 1.27 (t, *J* = 7.3, 3H, CH$_3$), 1.22 (t, *J* = 6.9, 3H, CH$_3$). - ^{13}C NMR (75 MHz, CDCl$_3$): δ = 175.1 (C=O), 173.2 (C=O), 140.3 (aromatic C), 128.3 (aromatic CH), 128.0 (aromatic CH), 126.9 (aromatic CH), 60.4 (OCH$_2$), 60.3 (OCH$_2$), 53.7 (CH$_2$Ph), 50.6 (CH$_2$N), 45.8 (CH), 34.1 (CH$_2$), 29.6 (CH$_2$), 22.7 (CH$_2$), 14.3 (CH$_3$), 14.2 (CH$_3$).

Synthesis of phosphonate 11

In a 100 mL flask, equipped with a reflux condenser protected by calcium chloride drying tube, a mixture of diester **9a** (4.28 g, 20 mmol), diethyl phosphite (5.52 g, 40 mmol, 2 equiv.) and anhydrous solid potassium carbonate (5.53 g, 40 mmol, 2 equiv.) was heated at 75°C for 16 hours. The reaction mixture was cooled and diluted with a saturated solution of NaCl (30 mL) then extracted with ethyl acetate (4 × 40 mL). The combined organic layers were dried over MgSO$_4$, filtered and concentrated in vacuo. The residual oil was distilled under reduced pressure to afford the phosphonate **11** (5.70 g, 81%) as a colorless oil.

2-(Diethoxyphosphoryl) hexanedioic acid diethyl ester **11**

Colorless oil; b.p. 135-138°C/0.5mmHg. - IR (CHCl$_3$) : ν = 1728 cm^{-1} (C=O), 1724 (C=O). - ^{1}H NMR (300 MHz, CDCl$_3$): δ = 4.18-4.06 (4q, 8H, 4OCH$_2$), 2.67 (m, 1H,CH), 2.25-2.10 (m, 3H, CH$_2$+ C*H*$_A$H$_B$P), 1.81-1.71 (m, 1H, CH$_A$*H*$_B$P), 1.57 (m, 4H, 2CH$_2$), 1.25-1.16 (4t, 12H, 4CH$_3$). - ^{13}C NMR (75

MHz, CDCl$_3$): δ = 174.2 (C=O), 172.8 (C=O), 61.6 (OCH$_2$), 61.5 (OCH$_2$), 60.5 (OCH$_2$), 60.1 (OCH$_2$), 40.4 (CH), 34.6 (CH$_2$), 33.7 (CH$_2$), 29.9 (d, $^1J_{PC}$ = 143.0, CH$_2$), 22.9 (CH$_2$), 16.2 (CH$_3$), 16.1 (CH$_3$), 14.3 (CH$_3$), 14.0 (CH$_3$). – ^{31}P NMR (121.5 MHz, CDCl$_3$): δ = 28.6. - MS (EI, 70 eV); m/z (%) : 352 (M$^+$, 4), 307 (96), 279 (29), 233 (83), 205 (71), 151 (100), 29 (31).

Synthesis of the cyclic phosphonate 12

To a stirred suspension of potassium *tert*-butoxide (1.45 g, 13 mmol, 1.3 equiv.) in anhydrous tetrahydrofuran (80 mL) was added slowly at 0°C, under nitrogen atmosphere, a solution of phosphonate **11** (3.52 g, 10 mmol, 1 equiv.) in THF (40 mL). After stirring for 1 hour, the mixture was allowed to warm to room temperature for 2 hours. The reaction mixture was quenched with a 10% HCl solution and extracted with ethyl acetate (4 × 50 mL). The combined extracts were dried over anhydrous MgSO$_4$ and the solvents concentrated in vacuo to give a yellow oil which was purified by distillation under reduced pressure or by column chromatography on silica gel (AcOEt / Hexane 1:1) to afford the phosphonate **12** as a mixture of two inseparable diastereoisomers.

2-(Diethoxyphosphoryl)-3-oxo-cyclohexane carboxylic acid ethyl ester **12**

Colorless oil; b.p. 120-122°C/0.3mmHg. – IR (CHCl$_3$) : ν = 1742 cm^{-1} (C=O), 1652 (C=O). - ^{1}H NMR (200 MHz, CDCl$_3$): δ = 4.18-4.06 (4q, 8H, 4OCH$_2$), 3.35 (dd, J = 9.3, 3.4, 1H, CHP *minor.dias.*), 3.15 (dd, J = 11.4, 8.5, 1H, CHP *major. dias.*), 2.57 (m, 1H, CH), 2.39-2.21 (m, 4H, 2CH$_2$), 1.65 (m, 2H, CH$_2$), 1.36-1.28 (3t, 9H, 3CH$_3$). - ^{13}C NMR (50.7 MHz, CDCl$_3$): δ = 211.7 (d, $^2J_{PC}$ = 19.2, C=O *minor.dias.*), 210.9 (d, $^2J_{PC}$ = 17.3, C=O *major. dias.*), 169.1 (C=O), 61.8 (OCH$_2$), 61.7 (OCH$_2$), 61.3 (OCH$_2$), 53.8 (d, $^1J_{PC}$ = 59.9, CHP), 52.6 (d, $^1J_{PC}$ = 59.9, CHP *minor.dias.*), 44.3 (d, $^2J_{PC}$ = 28.6, CH), 43.8 (d, $^2J_{PC}$ = 20.3, CH *minor.dias.*), 28.6 (CH$_2$ *minor.dias.*), 27.9 (CH$_2$), 27.2 (CH$_2$ *minor.dias.*), 26.8 (CH$_2$), 24.9 (CH$_2$), 23.9 (CH$_2$ *minor.dias.*), 16.4 (CH$_3$), 16.2 (CH$_3$), 14.0 (CH$_3$). - ^{31}P NMR (121.5 MHz, CDCl$_3$): δ = 30.0 (*minor.dias.*), 29.8 (*major. dias.*). - MS (EI, 70 eV); m/z (%) : 306 (M$^+$, 32), 261 (100), 232 (27), 169 (10), 29 (53).

C$_{13}$H$_{23}$O$_6$P
Mol. Wt.: 306.29

Synthesis of (±)-homosarkomycin ethyl ester 13

To a mixture of β-ketophosphonate **12** (3.06 g, 10 mmol) in 10 mL of THF and 30% aqueous formaldehyde (2 mL, 2 equiv.) was added a gelatinous solution of potassium carbonate (2.76 g, 20 mmol, 2 equiv.) diluted in water (2 mL). The heterogeneous reaction mixture was stirred for one hour at room temperature then treated with water. The solution was then extracted with ether. The combined organic layers were dried over anhydrous magnesium sulfate, filtered and concentrated. The residue was purified by column chromatography on silica gel to leave (±)-homosarkomycin ethyl ester **13** (1.05 g, 58%).

2-Methylene-3-oxo-cyclohexane carboxylic acid ethyl ester **13**

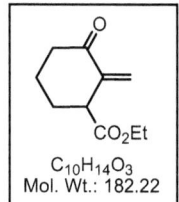

$C_{10}H_{14}O_3$
Mol. Wt.: 182.22

Pale yellow liquid, R_f = 0.8 (AcOEt/hexane, 1:9). - ^{1}H NMR (200 MHz, CDCl$_3$): δ = 6.16 (d, J = 1.4, 1H, =CH_2), 5.54 (d, J = 1.4, 1H, =CH_2), 4.15 (q, J = 7, 2H, OCH_2), 3.64 (m, 1H, CH), 2.42-2.35 (m, 6H, 3CH$_2$), 1.25 (t, J =7, 3H, CH$_3$). - ^{13}C NMR (50.7 MHz, CDCl$_3$): δ = 210.4 (C=O), 172.3 (C=O), 142.1 (C), 125.6 (=CH$_2$), 60.2 (OCH$_2$), 33.1 (CH), 29.7 (CH$_2$), 23.6 (CH$_2$), 22.7 (CH$_2$), 14.2 (CH$_3$). - MS (EI, 70 eV); m/z (%) : 182 (M$^+$, 4), 155 (96), 127 (78), 109 (47), 99 (100), 81 (52), 29 (34).

Synthesis of phosphonate 14

Triethyl phosphonoacetate and ethyl 5-bromovalerate are commercially available.

In a 250 mL two-necked round-bottomed flask, fitted with a reflux condenser and 50 mL pressure-equalizing addition funnel, a suspension of sodium hydride (60%) (1.86 g, 46.5 mmol, 1.38 equiv.) in anhydrous THF (40 mL) was cooled to 0°C with an ice bath. Triethyl phosphonoacetate (9.2 g, 40.2 mmol, 1.2 equiv.) diluted in dry THF (10 mL), was added dropwise under nitrogen atmosphere. After complete addition, the mixture was stirred for one hour at 0°C then warmed to room temperature and stirred for two additional hours. The mixture was heated to gentle reflux and ethyl 5-bromovalerate (7.22 g, 33.5 mmol, 1 equiv.) was added quickly. The reaction was refluxed overnight then cooled and quenched with a saturated solution of NH$_4$Cl (15 mL), filtered through celite and extracted with ethyl acetate

(4 × 50 mL). The combined organic extracts were dried over anhydrous magnesium sulfate, filtered and concentrated in vacuo. The resulting crude oil was purified by distillation under reduced pressure to afford the phosphonate **14** as colorless oil (8.26 g, 70%).

2-(Diethoxyphosphoryl) heptanedioic acid diethyl ester **14**

EtO–P(=O)(OEt)–CH(CO$_2$Et)–(CH$_2$)$_4$–CO$_2$Et
$C_{15}H_{29}O_7P$
Mol. Wt.: 352.36

Colorless oil; b.p. 142-144°C/0.1mmHg. - IR (CHCl$_3$) : ν = 1728 cm^{-1} (C=O), 1714 (C=O). - ^{1}H NMR (300 MHz, CDCl$_3$): δ = 4.20-4.08 (4q, 8H, 4OCH$_2$), 2.93 (ddd, J = 15.8, 11.0, 10.6, 1H, CHP), 2.29 (t, J = 7.7, 2H, CH$_2$), 1.92 (m, 1H, CH_AH$_B$), 1.85 (m, 1H, CH$_A$$H_B$), 1.65 (m, 2H, CH$_2$), 1.37 (m, 2H, CH$_2$), 1.33-1.22 (4t, 12H, 4CH$_3$). - ^{13}C NMR (75 MHz, CDCl$_3$): δ = 173.4 (C=O), 169.2 (C=O), 62.8 (OCH$_2$), 62.6 (OCH$_2$), 61.4 (OCH$_2$), 60.3 (OCH$_2$), 46.6 (d, $^1J_{PC}$ = 130.4, CHP), 33.5 (CH$_2$), 27.7 (CH$_2$), 26.6 (CH$_2$), 24.5 (CH$_2$), 16.4 (CH$_3$), 16.3 (CH$_3$), 14.2 (CH$_3$), 14.1 (CH$_3$).

Synthesis of diethyl α-methylene pimelate 15

To a mixture of phosphonate **14** (40 mmol, 14.08 g) and paraformaldéhyde (80 mmol, 2.4 g) in 40 mL of anhydrous THF was added anhydrous potassium carbonate (80 mmol, 11.05 g) and the heterogeneous mixture was stirred at reflux for 8 hours. The reaction mixture was cooled and diluted with a saturated solution of NaCl (30 mL) then extracted with ethyl acetate (3 × 40 mL). The combined organic layers were washed with brine, dried over MgSO$_4$ and distilled to give the diester **15** (8.75 g, 96%) as a colorless liquid.

2-Methylene heptanedioic acid diethyl ester **15**

CH$_2$=C(CO$_2$Et)–(CH$_2$)$_4$–CO$_2$Et
$C_{12}H_{20}O_4$
Mol. Wt.: 228.28

Colorless liquid; b.p. 82-84°C/0.3mmHg. - IR (CHCl$_3$) : ν = 1729 cm^{-1} (C=O), 1714 (C=O), 1630 (C=C). - ^{1}H NMR (300 MHz, CDCl$_3$): δ = 6.15 (s, 1H, =CH_2), 5.52 (s, 1H, =CH_2), 4.23 (q, J = 7.4, 2H, OCH$_2$), 4.14 (q, J = 7.4, 2H, OCH$_2$), 2.37 (t, J = 6.7, 2H,

CH_2), 1.73 (m, 2H, CH_2), 1.52 (m, 4H, $2CH_2$), 1.35 (t, J = 7.4, 3H, CH_3), 1.27 (t, J = 7.4, 3H, CH_3). - ^{13}C NMR (75 MHz, $CDCl_3$): δ = 173.5 (C=O), 167.1 (C=O), 60.6 (OCH_2), 60.2 (OCH_2), 34.1(CH_2), 31.5 (CH_2), 27.8 (CH_2), 24.5 (CH_2), 14.3 (CH_3), 14.2 (CH_3).

Synthesis of phosphonate 16

A mixture of diester **15** (6.84 g, 30 mmol), anhydrous potassium carbonate (8.29 g, 60 mmol, 2 equiv.), diethyl phosphite (8.28 g, 60 mmol, 2 equiv.) and tetra *n*-butylammonium hydrogen sulfate (HSTBA) (0.64 g, 3mol%) in anhydrous THF (25 mL) was stirred at reflux, under nitrogen atmosphere, for 24 hours. The reaction mixture was cooled and quenched with a saturated solution of NaCl and extracted with ethyl acetate (4 × 50 mL). The organic layer was dried over $MgSO_4$, filtered and concentrated in vacuo. The residue was distilled under reduced pressure to give the phosphonate **16** (9.45 g, 86%) as a colorless oil.

2-(Diethoxyphosphorylmethyl) heptanedioic acid diethyl ester **16**

```
    OEt
    |
EtO-P=O
    |              CO2Et
    
    CO2Et
C16H31O7P
Mol. Wt.: 366.39
```

Colorless oil; 147-150°C/0.2mmHg. - IR ($CHCl_3$) : ν = 1732 cm^{-1} (C=O), 1717 (C=O). - ^1H NMR (300 MHz, $CDCl_3$): δ = 4.17-4.05 (4q, 8H, $4OCH_2$), 2.73 (m, 1H, CH), 2.28 (t, J = 7.4, 2H, CH_2), 2.18 (d AB, J = 17.6, 8.5, 1H, CH_AH_BP), 1.85 (d AB, J = 13.2, 7.9, 1H, CH_AH_BP), 1.69-1.63 (m, 4H, $2CH_2$), 1.35-1.22 (4t, 12H, $4CH_3$), 0.93 (m, 2H, CH_2). - ^{13}C NMR (75 MHz, $CDCl_3$): δ = 174.6 (C=O), 173.4 (C=O), 61.8 (OCH_2), 61.6 (OCH_2), 60.7 (OCH_2), 60.3 (OCH_2), 39.8 (CH), 34.0 (CH_2), 33.4 (CH_2), 28.7 (d, $^1J_{PC}$ = 142.5, CH_2P), 26.8 (CH_2), 24.6 (CH_2), 16.4 (CH_3), 16.3 (CH_3), 14.1 (CH_3), 13.6 (CH_3). - ^{31}P NMR (121.5 MHz, $CDCl_3$): δ = 28.9.

Synthesis of the cyclic phosphonate 17

To a stirred suspension of sodium hydride (2.49 g, 10.4 mmol, 1.3 equiv.) in anhydrous 1,2-dimethoxyethane (50 mL) was added slowly at room temperature under nitrogen atmosphere, a solution of phosphonate **16** (2.93 g, 8 mmol, 1 equiv.) in DME (40 mL). After stirring for 1 hour at room temperature, the mixture was refluxed for 36 hours. The reaction mixture was cooled and DME was partially removed in vacuo then ethyl acetate was added (50 mL). The reaction was quenched with a 10% HCl solution and extracted with ethyl acetate (4 × 50 mL). The combined extracts were dried over anhydrous MgSO$_4$ and the solvents were removed in vacuo to give a yellow viscous oil which was purified by column chromatography on silica gel (AcOEt / CH$_2$Cl$_2$ 1:1) to afford the cyclic phosphonate **17** (2 g, 78%) as a mixture of two diastereoisomers.

2-(Diethoxyphosphoryl)-3-oxo-cycloheptane carboxylic acid ethyl ester **17**

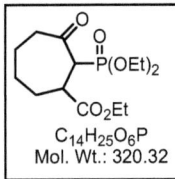

C$_{14}$H$_{25}$O$_6$P
Mol. Wt.: 320.32

Viscous colorless oil; R$_f$ = 0.38 (AcOEt/CH$_2$Cl$_2$, 1:1). - IR (CHCl$_3$) : ν = 1734 cm^{-1} (C=O), 1718 (C=O). - ^{1}H NMR (300 MHz, CDCl$_3$): δ = 4.23-4.05 (3q, 6H, 3OCH$_2$), 3.45 (dd, J = 13.2, 5.5, 1H, CHP), 2.80 (m, 1H, CH), 2.49 (m, 2H, CH$_2$), 2.23-2.04 (m, 4H, 2CH$_2$), 1.79-1.52 (m, 4H, 2CH$_2$), 1.35-1.25 (3t, 9H, 3CH$_3$). - ^{13}C NMR (75 MHz, CDCl$_3$): δ = 205.3 (d, $^2J_{PC}$ = 15.2, C=O), 169.6 (C=O), 61.7 (OCH$_2$), 60.9 (OCH$_2$), 60.3 (OCH$_2$), 57.4 (d, $^1J_{PC}$ = 107.4, CHP), 45.8 (CH), 34.8 (CH$_2$), 30.7 (CH$_2$), 26.6 (CH$_2$), 23.9 (CH$_2$), 16.3 (CH$_3$), 16.2 (CH$_3$), 14.0 (CH$_3$). - ^{31}P NMR (121.5 MHz, CDCl$_3$): δ = 30.5 (*major. dias.*), 30.4 (*minor.dias.*).

Synthesis of (±)-*bis*-homosarkomycin ethyl ester 18

To a mixture of β-ketophosphonate **17** (1.60 g, 5 mmol) in 5mL of THF and 30% aqueous formaldehyde (1mL) was added gelatinous solution of potassium carbonate (1.38 g, 10 mmol, 2 equiv.) diluted in water (1mL). The heterogeneous reaction mixture was stirred for two hours at room temperature then diluted with water. After extraction with ether, the combined organic layers were dried over anhydrous magnesium sulfate, filtered and concentrated. The residue was purified by column chromatography on silica gel (AcOEt / hexane, 1:9), to afford (±)-*bis*-homosarkomycin ethyl ester **18**.

2-Methylene-3-oxo-cycloheptane carboxylic acid ethyl ester **18**

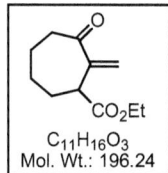

$C_{11}H_{16}O_3$
Mol. Wt.: 196.24

Yellow liquid; R_f = 0.75 (AcOEt/Hexane, 1:9). - IR (CHCl$_3$) : ν = 1734 cm^{-1} (C=O), 1714 (C=O), 1631 (C=C). - ^{1}H NMR (300 MHz, CDCl$_3$): δ = 6.34 (s, 1H, CH_2), 5.72 (s, 1H, CH_2), 4.23 (q, J = 7, 2H, OCH$_2$), 3.54 (m, 1H, CH), 2.42 (m, 2H, CH$_2$), 1.52-2.12 (m, 6H, 3CH$_2$), 1.34 (t, J = 7, 3H, CH$_3$). - ^{13}C NMR (75 MHz, CDCl$_3$): δ = 206.1 (C=O), 173.1 (C=O), 153.0 (C), 148.3 (=CH$_2$), 61.7 (OCH$_2$), 52.4 (CH), 43.1 (CH$_2$), 29.7 (CH$_2$), 25.6 (CH$_2$), 23.9 (CH$_2$), 14.0 (CH$_3$).

CHAPITRE III

ADDITION CONJUGUEE DE SILYLCUPRATE SUR DES ACCEPTEURS DE MICHAEL FONCTIONNALISES

« L'intelligence ? une question de chimie organique, rien de plus. On n'est pas plus responsable d'être intelligent que d'être bête »

P. LEAUTAUD

INTRODUCTION

Les réactifs organométalliques (cuprates, magnésiens, zinciques...) sont des outils extrêmement performants en synthèse organique et permettent la création de nouvelles liaisons carbone-carbone par addition sur le carbone β des systèmes α,β-insaturés. Les doubles liaisons activées, par la présence d'un groupement électroattracteur **EWG**, sont connues depuis la découverte en 1887 de la réaction de Michael,[1] pour leur aptitude à stabiliser la charge négative générée sur le carbone α à la suite de l'addition conjuguée dite addition de Michael (Fig. 1.)

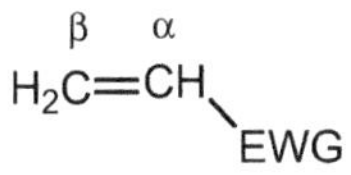

$$H_2C\overset{\beta}{=}\overset{\alpha}{CH}\diagdown_{EWG}$$

Fig. 1. EWG: groupement électroattracteur.

La différence de réactivité de ces accepteurs de Michael dépend de leur degré de substitution en position β[2] mais surtout de la nature du groupement électroattracteur. Ainsi, l'ordre établi par MARCH[3] montre que la réactivité de ces composés vinyliques est proportionnelle au pouvoir électroattracteur du groupement EWG.

$$EWG : NO_2 > CHO > COR > CO_2R > SO_2R > CN \sim CONRR'$$

Avant d'exposer les résultats obtenus au cours de notre étude concernant les additions stéréocontrôlées de quelques organométalliques sur les accepteurs de Michael de type **6** et **7** préparés et leur application en synthèse, nous donnons un aperçu bibliographique sur l'utilisation des organocuprates d'ordre supérieur dans des réactions d'additions conjuguées stéréocontrôlées.

I- DONNEES BIBLIOGRAPHIQUES

L'addition d'organométalliques sur des accepteurs de Michael constitue une méthode d'accès efficace à des *synthons* hautement fonctionnalisés présentant un ou deux centres stéréogéniques.[4] Parmi ces réactifs organométalliques, les organocuprates d'ordre supérieur sont de plus en plus utilisés dans des synthèses stéréosélectives.

I-1- ORGANOCUPRATES D'ORDRE SUPERIEUR

Les cuprates d'ordre supérieur remplacent leurs homologues inférieurs dans les synthèses sélectives lorsque ces dérivés s'avèrent inefficaces[5,6]. Selon la stœchiométrie employée, on obtient alors des espèces organométalliques complexes ou des "clusters" de cuivre.

$$3 \text{ RM} + 2 \text{ CuX} \longrightarrow R_3Cu_2M + 2 \text{ MX}$$

$$5 \text{ RM} + 3 \text{ CuX} \longrightarrow R_5Cu_3M_2 + 3 \text{ MX}$$

Par analogie avec les hétérocuprates, les cuprates d'ordre supérieur peuvent également posséder des groupements non transférables tels que les thiocyanates (SCN) et les thiényles qui ont été développés notamment par Lipshutz[7,8].

$$2 \text{ RLi} + \text{CuCN} \longrightarrow R_2Cu(CN)Li_2$$

La structure exacte du complexe organopolymétallique n'est pas connue avec exactitude à ce jour[9,10], alors que le mécanisme d'addition conjuguée des organocuprates peut être décrit de deux manières différentes :

- Un transfert monoélectronique[11-13] entre le "cluster" organométallique de formule $(R_2CuLi)_2$ et le composé carbonylé α,β-insaturé (schéma 1).

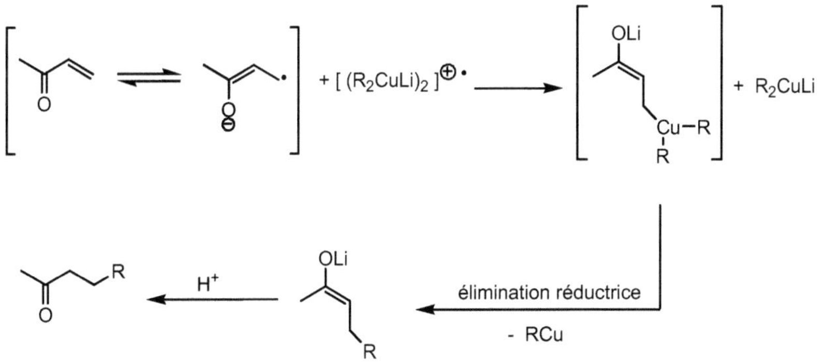

[schéma 1 reaction diagram]

schéma 1

- Un transfert de charge pour lequel les auteurs[14,15] écartent la possibilité de la formation de radical libre comme intermédiaire au profit d'un complexe de transfert de charge noté complexe d-π*[16,17] (schéma 2).

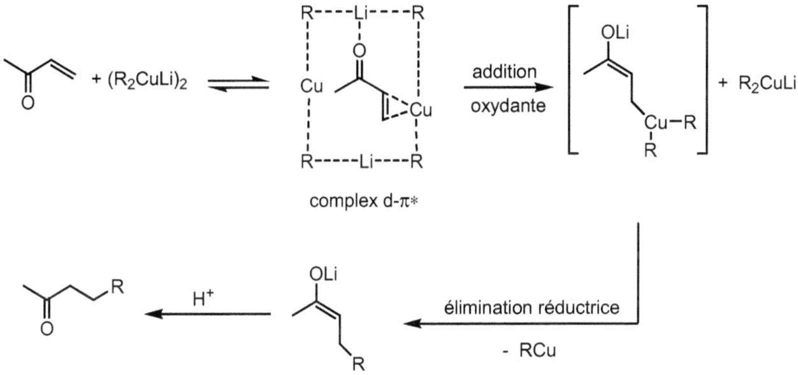

[schéma 2 reaction diagram with complex d-π*]

schéma 2

L'identité des intermédiaires formés avant l'élimination réductrice, dans les deux mécanismes, laisse à penser que la coexistence des deux processus dans la même réaction est plausible.

I-2- INTRODUCTION D'UN HETEROATOME SUR UN SQUELETTE CARBONE

L'introduction sur un squelette carboné d'un hétéroélément tel que le silicium ou l'azote est le plus souvent réalisée par addition des précurseurs organométalliques correspondants sur un système α,β-insaturé.

Les composés organosiliciés sont de plus en plus utilisés en chimie organique dans la synthèse multi-étapes de produits naturels et/ou de substrats à hautes valeurs ajoutées. En effet, un groupe silylé introduit des effets spécifiques lors d'un processus réactionnel. La réactivité et la sélectivité induites par la présence d'un résidu silylé dans la molécule dépendent généralement des contributions électroniques (effet α et β du silicium) et stériques propres au silicium lors d'un processus réactionnel.

D'autre part, une fois le processus achevé, le silicium peut être, soit éliminé de manière stéréospécifique (c'est le cas notamment lors de l'élimination des β-hydroxy silanes,[18] appelée élimination de Peterson), ou transformé en groupement hydroxyle par oxydation. Dans ce cas, le groupement silylé est utilisé comme un groupe hydroxyle masqué[19] (schéma 3).

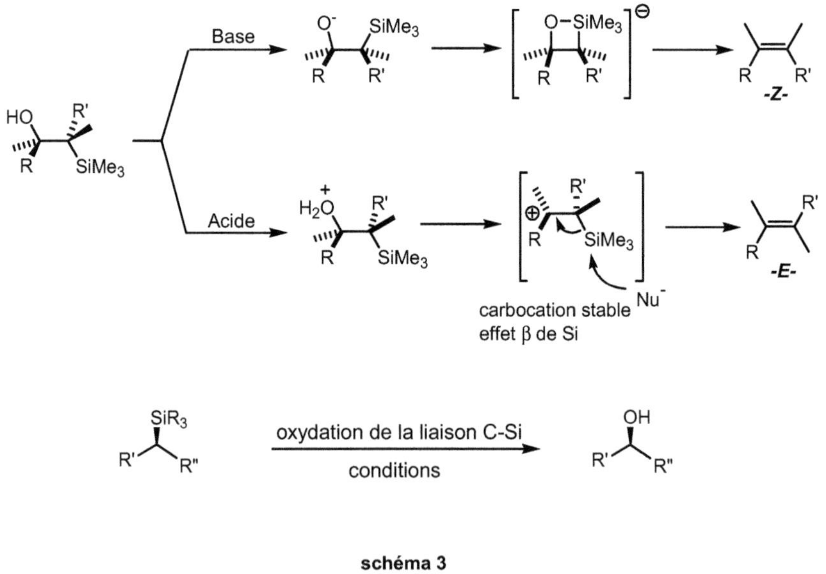

schéma 3

CHAPITRE III : Addition conjuguée de silylcuprate sur des accepteurs de Michael

L'addition de cuprates silylés constitue la manière la plus efficace pour introduire un résidu silylé sur un accepteur de Michael. La silyl-cupration de Fleming est un processus qui a montré son efficacité en synthèse organique.

I-3- UTILISATION DE SILYLCUPRATE DE FLEMING EN SYNTHESE ORGANIQUE

C'est vers la fin des années soixante-dix que FLEMING[20] a décrit l'utilisation d'un silyl-cuprate particulier dans des réactions d'additions sur des systèmes α,β-insaturés. Ce cuprate est préparé aisément à partir du dérivé silylé lithié, intermédiaire lui-même accessible à partir du dichlorodiméthylsilane commercial (schéma 4).

schéma 4

L'addition de ce silyl-cuprate sur des acétates allyliques ou sur des systèmes acétyléniques constitue[21], une voie nouvelle efficace permettant de préparer des allylsilanes et des vinylsilanes[22] fonctionnels (schéma 5).

schéma 5

Généralement ces allyl- et vinylsilanes réagissent avec des électrophiles[23] en présence d'un acide de Lewis pour conduire globalement à des réactions de substitution de type SE', plutôt qu'à des réactions d'additions. Le silicium impose la régio et la stéréosélectivité de la réaction (schéma 6).

schéma 6

Par ailleurs, la silylcupration des esters α,β-insaturés suivie de l'alkylation de l'intermédiaire énolate[24], conduit en une seule étape à des *synthons* présentant deux centres stéréogéniques contigus avec une distéréosélectivité faciale excellente (schéma 7).

schéma 7

Le même diastéréocontrôle est observé par FLEMING[25] lors de l'aldolisation du β-silylénolate, résultant de l'addition de silylcuprate sur l'ester α,β-insaturé. Cette diastéréosélectivité peut s'inverser, selon que l'intermédiaire β-silylénolate est piégé directement par un aldéhyde, ou que le β-silylester résultant est préalablement converti en énolate de configuration (Z) avant piégeage par l'aldéhyde (schéma 8).

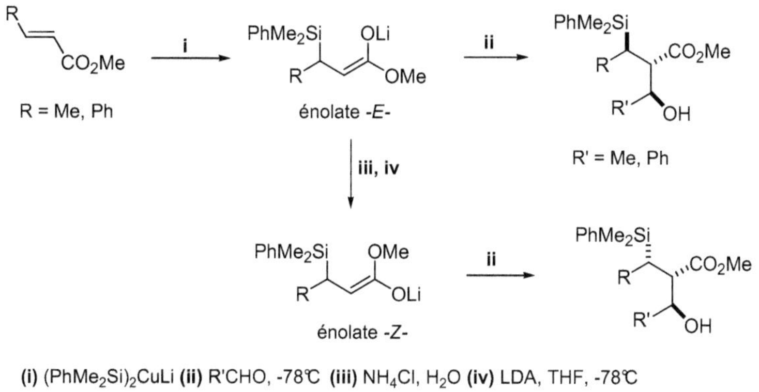
R
CO2Me
R = Me, Ph
i
PhMe2Si
OLi
R
OMe
énolate -E-
ii
PhMe2Si
CO2Me
R
R'
OH
R' = Me, Ph
iii, iv
PhMe2Si
OMe
R
OLi
énolate -Z-
ii
PhMe2Si
CO2Me
R
R'
OH
(i) (PhMe2Si)2CuLi (ii) R'CHO, -78℃ (iii) NH4Cl, H2O (iv) LDA, THF, -78℃

schéma 8

Comme cela a été mentionné au début de ce rappel, l'introduction d'un reste silylé sur un squelette carboné permet de révéler au moment souhaité une nouvelle fonction alcool, par oxydation de la liaison carbone-silicium.

I-4- OXYDATION DE LA LIAISON CARBONE-SILICIUM

L'oxydation de la liaison carbone-silicium a pour origine une observation expérimentale de BUNCEL et DAVIES en 1958 qui, lors de leurs tentatives de synthèse de peroxydes silylés, ont rapporté[(26)] que le phényldiméthylchlorosilane était oxydé par l'acide perbenzoïque en présence d'ammoniac en diméthyl(phénoxy)silylbenzoate *via* un réarrangement du peroxyde, similaire à celui observé lors de l'oxydation des organoboranes ou lors du réarrangement de Baeyer-Villiger (schéma 9).

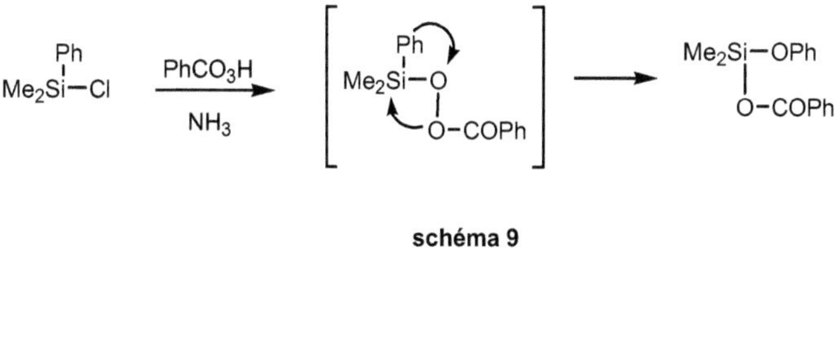
Ph
Me2Si—Cl
PhCO3H
NH3
Ph
Me2Si—O
O—COPh
Me2Si—OPh
O—COPh

schéma 9

TAMAO, KUMADA[19a,27] et FLEMING[19b,28] ont développé simultanément par des approches toutefois différentes l'oxydation de la liaison carbone-silicium. L'utilisation du groupe silylé comme *groupe hydroxyle masqué*[29] est devenu un outil très apprécié en synthèse organique et a considérablement augmenté le potentiel des composés organosiliciés.

L'aspect le plus remarquable de la transformation d'une liaison C-Si en une liaison C-OH réside dans sa stéréospécificité[30] puisqu'elle s'effectue avec *rétention de configuration* au niveau du carbone porteur du silicium.

I-4-1 Oxydation de Tamao-Kumada

Dans les conditions basiques de Tamao-Kumada, l'oxydation de la liaison C-Si du groupements silylés de type SiR_2X (X = Cl, F, OR, H…)[31], procède *via* une espèce intermédiaire pentacoordinée résultant de l'attaque du fluorosilane de départ par un ion fluorure (KF). Tamao suppose dans son mécanisme que cette espèce pentavalente du silicium est attaquée dans un deuxième temps par l'oxydant (H_2O_2) pour conduire à un état de transition dans lequel le silicium est hexacoordiné. La migration du groupement *cis* par rapport à l'oxygène du peroxyde, dans l'état de transition, génère une autre espèce pentacoordinée. Cette migration préférentielle de R_{cis} explique la rétention de configuration. Finalement, l'espèce pentacoordinée résultante est hydrolysée en milieu basique pour conduire à l'alcool (schéma 10).

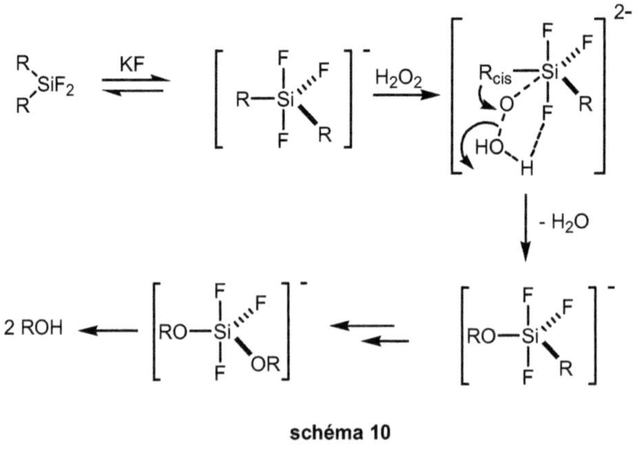

schéma 10

I-4-2- Oxydation de Fleming

L'oxydation du groupement PhMe$_2$Si- se fait en deux temps : une protodésilylation dans une première étape suivie d'une oxydation. Le mécanisme proposé par Fleming repose sur le fait que la liaison Si-Ph est plus facilement rompue que la liaison Si-alkyle, en accord avec les travaux de EABORN[32]. L'utilisation d'un réactif électrophile conduit *via* une substitution *ipso* au composé RMe$_2$Si-X (schéma 11).

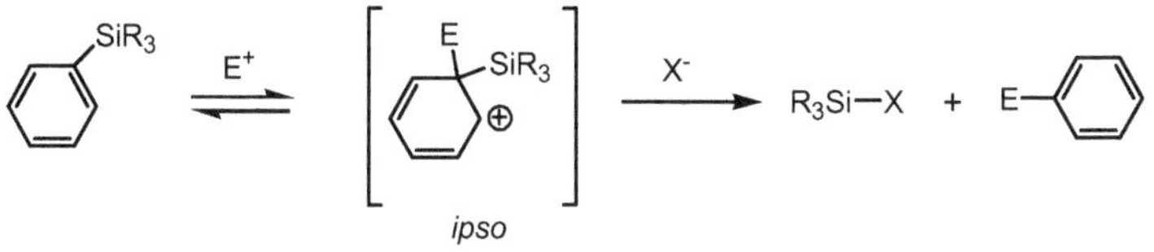

schéma 11

En travaillant en milieu acide, FLEMING[29] a montré qu'il est possible de déplacer le phényle du reste silylé sous forme de benzène, en présence d'un proton, alors que l'intermédiaire silylé formé subit une oxydation sous l'action d'un peroxyde (AcOOH ou H$_2$O$_2$) pour conduire au siloxane lequel, par hydrolyse libère l'alcool attendu (schéma 12).

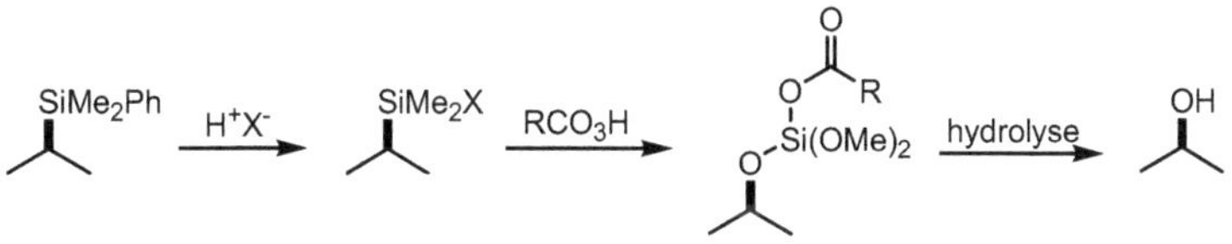

schéma 12

L'oxydation de la liaison C-Si est maintenant utilisée couramment en synthèse organique[30]. Nous rapportons quelques travaux de la littérature où des intermédiaires silylés sont judicieusement utilisés pour achever des synthèses totales et stéréosélectives de produits naturels.

En 1994, l'équipe de FLEMING[33] a rapporté une synthèse totale de *la méthyl-(+)-nonactate* à partir d'un intermédiaire disilylé. Il été possible, dans cette synthèse, d'oxyder simultanément les deux groupements PhMe$_2$Si-. Cette oxydation stéréospécifique (rétention de la configuration absolue des carbones porteurs de Si) est différenciée par la formation de la β-lactone, laquelle après trois étapes réactionnelles fournit *la méthyl-(+)-nonactate* recherchée (schéma 13).

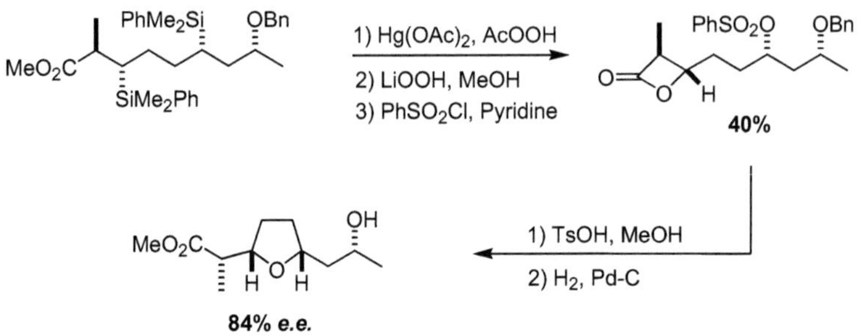

schéma 13

Dans plusieurs synthèses totales de molécules bioactives[34-36], Fleming a montré que la présence du groupement PhMe$_2$Si- contrôle la stéréochimie des centres asymétriques nouvellement créés[35]. Ceci est illustré ci-dessous dans le schéma rétrosynthétique d'un inhibiteur d'estérase[*] : *la (-)-tetrahydrolipstatin*[36] (schéma 14).

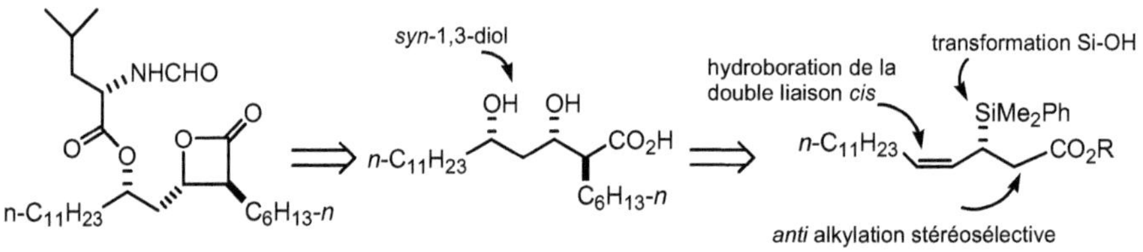

schéma 14

L'oxydation de la liaison carbone-silicium dans les conditions de Fleming tolère la majorité des groupements fonctionnels[30,37]. Cependant, dans certains cas, l'utilisation des conditions basiques de Tamao est préférable car plus douce, comme le montre la préparation d'un intermédiaire éther cyclique dans la synthèse totale d'un composé d'origine marine isolé de *laurencia* (schéma 15).[38]

---

* Une enzyme qui catalyse l'hydrolyse des esters, tels que l'acétylcholinestérase, phophatase, lipase Hochuli, E. et Coll., *J. Antibiotics* **1987**, *40*, 1086.

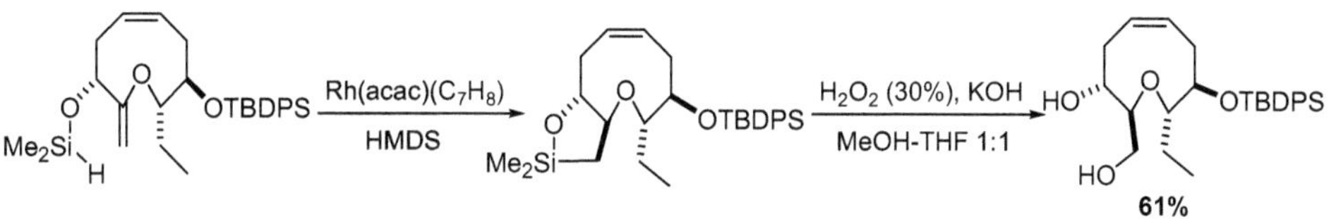

schéma 15

I-5- ADDITIONS CONJUGUEES D'ORGANOZINCIQUES

Les organozinciques, tout comme les organomagnésiens, sont moins réactifs et surtout moins basiques que les organolithiens, ce qui les rend particulièrement attractifs dans la perspective de leur utilisation en présence d'accepteurs de Michael très fonctionnalisés. Par ailleurs, ALEXAKIS[39] et FERINGA[40] ont rapporté que l'addition asymétrique d'organozinciques, pourtant peu réactifs, sur des systèmes α,β-insaturés est possible en présence d'une quantité catalytique de Cu(II) et d'un auxiliaire chiral. Cette stratégie appliquée sur des énones cycliques, semble être efficace puisque les excès énantiomériques peuvent atteindrent 98% (schéma 16).

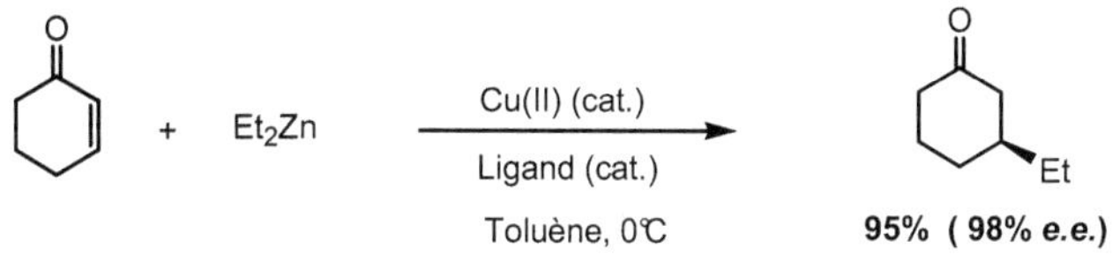

schéma 16

D'autre part, en s'inspirant des travaux de OSHIMA[41], Fleming a rapporté que l'utilisation de silylzincates au lieu de silylcuprates dans l'introduction du groupement PhMe$_2$Si- en β d'un ester α,β-insaturé, est non seulement possible, mais aussi plus efficace en terme de rendement[42] grâce à la diminution des réactions secondaires observées dans la silylcupration de ces mêmes systèmes (schéma 17).

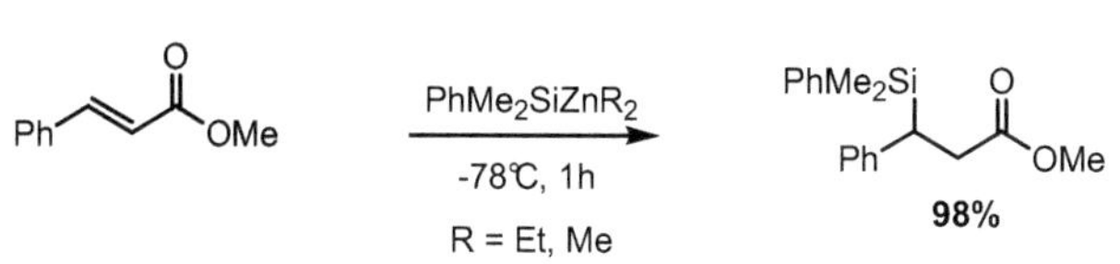

schéma 17

TRAVAUX PERSONNELS

Nous présentons dans ce chapitre, nos résultats relatifs à la silylcupration (et la silylzincation) de diesters α-alkylidéniques de type **7** et à l'oxydation de la liaison C-Si. Nous mentionnerons également nos essais d'additions énantiocontrôlées du groupement PhMe$_2$Si- ainsi qu'une tentative de synthèse d'un squelette quinolizidine.

II- TENTATIVE DE SYNTHESE TOTALE DE LA LUPININE

L'addition d'amidure de lithium sur des esters α,β-insaturés conduit aux β-aminoesters correspondants. La version asymétrique de cette addition utilisant des amidures chiraux a été développée par DAVIES[43] qui a isolé le β-aminoester libre avec une excellente énantiosélectivité (schéma 18).

schéma 18

L'addition de ces amidures sur des accepteurs de Michael fonctionnalisés tels que nos diesters de types **6** et **7** pourrait conduire en un nombre limité d'étapes au squelette quinolizidine présent dans les alcaloïdes du lupin tels que *la lupinine* ou *l'épi-lupinine* (Fig. 2.).

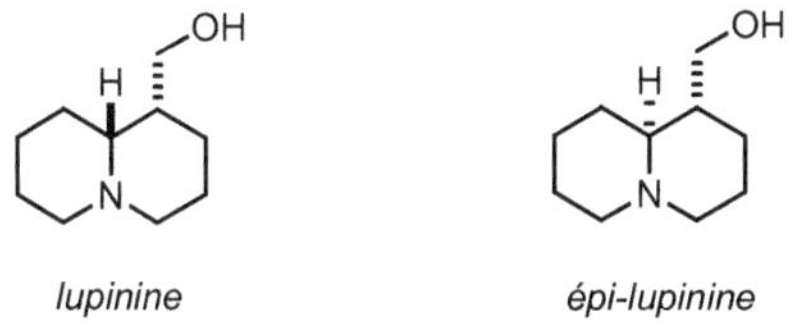

CHAPITRE III : Addition conjuguée de silylcuprate sur des accepteurs de Michael

lupinine   *épi-lupinine*

Fig. 2. squelette quinolizidine

Le schéma rétrosynthétique utilisé au cours de ce travail, pour la synthèse de la lupinine (ou l'épi-lupinine) implique le passage par un intermédiaire clé **II** qui devrait être accessible à partir de l'intermédiaire **I** par addition énantiocontrôlée de l'amine de Davies, suivie de l'hydrogénolyse des deux groupements benzyle. **I** est obtenu par couplage entre un réactif organométallique et le bromodiester **6a**. L'intermédiaire **II** conduirait, après cyclisation, au bicycle azoté **III**, lequel, après réduction des fonctions carbonyles, fournirait l'alcaloïde recherché (schéma 19).

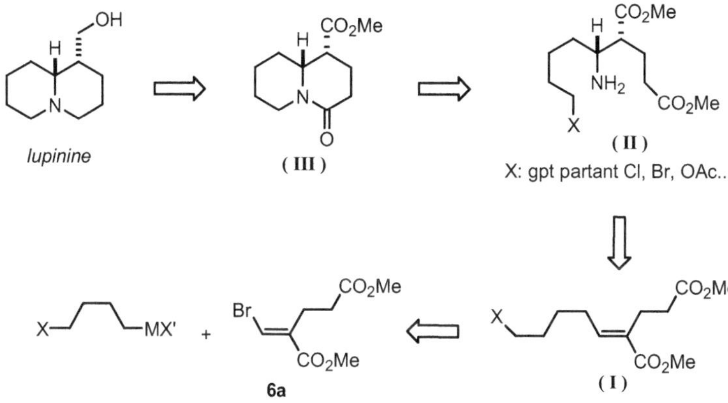

lupinine   (**III**)   (**II**)   X: gpt partant Cl, Br, OAc...

6a   (**I**)

schéma 19

Pour accéder à l'intermédiaire **I**, nous avons tenté d'additionner sur le bromure vinylique **6a**, le réactif organozincique préparé à partir du 1-chloro-3-iodopropane. Ces tentatives se sont avérées infructueuses et aucun produit d'addition n'a pu être isolé. Le réactif organozincique, préparé dans des conditions douces en utilisant le zinc activé (Zn*) selon la méthode de RIEKE[44], ne s'est vraisemblablement pas formé. Cependant le couplage entre l'alcool protégé sous forme d'éther silylé **19** et l'accepteur de Michael **6a** conduit au produit d'addition-élimination **20** avec une stéréosélectivité totale en faveur du stéréoisomère *E* et avec un rendement modeste (25%). Ce dernier n'a toutefois pas pu être amélioré par utilisation d'une quantité stœchiométrique de cuivre ou en changeant la source de cuivre (schéma 20).

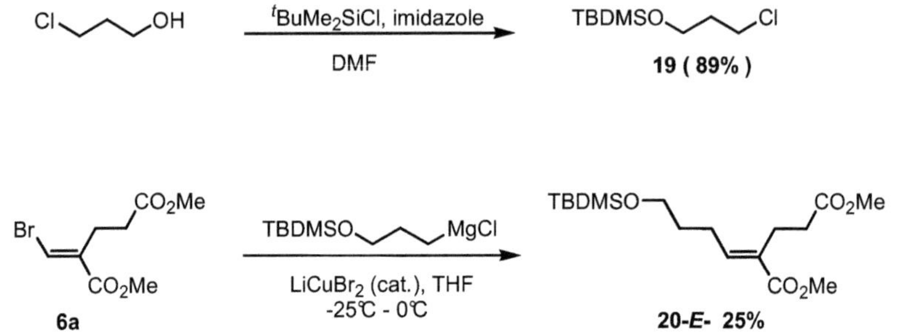

schéma 20

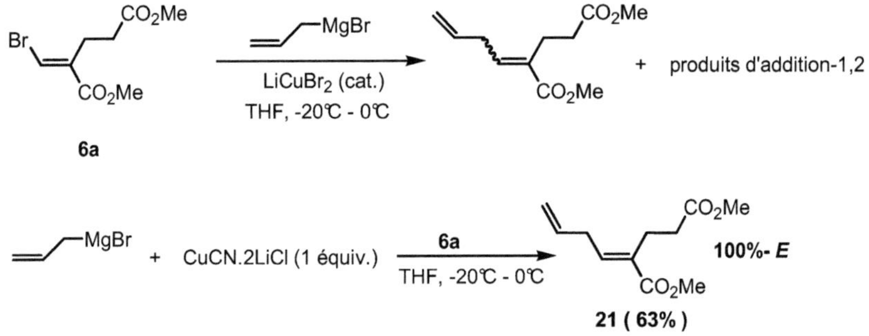

schéma 21

L'addition du bromure d'allylmagnésium sur le diester **6a** en présence d'une quantité catalytique de cuivre (LiCuBr$_2$, 5mol%), conduit à un mélange de produits d'addition-1,4 sous forme de deux stéréoisomères (*Z* et *E*) et de produit d'addition–1,2. En comparaison, l'utilisation d'une quantité stœchiométrique de cuivre permet d'éviter l'addition-1,2 mais le rendement ainsi que la stéréosélectivité restent faibles. Par ailleurs, l'utilisation d'une solution de CuCN.2LiCl comme source de cuivre permet la formation d'un cuprate d'ordre supérieur susceptible de réagir sur le (*E*)-α-bromométhylène glutarate de diméthyle **6a** dans le THF anhydre et à la température ambiante pour donner le produit d'addition-élimination (63%) souhaité avec rétention de configuration (schéma 21).

Lors de nos tentatives de préparation du précurseur **II**, nous avons observé que l'addition de l'amidure chiral de Davies[45] sur l'oléfine trisubstituée **21**, conduisait uniquement au produit d'isomérisation **22** (schéma 22).

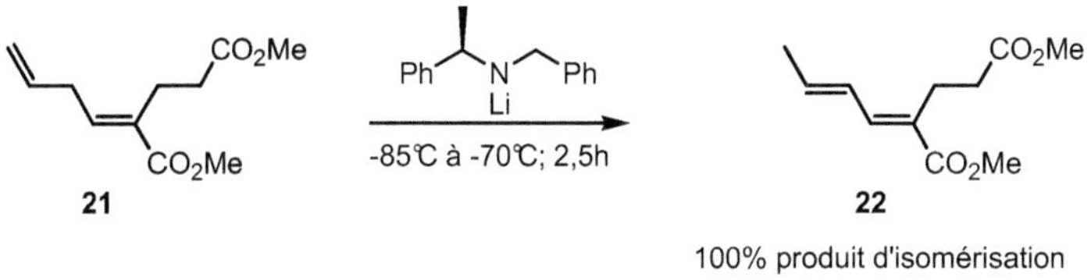

schéma 22

Face à cet échec, nous avons pensé introduire directement une chaîne fonctionnelle à quatre carbones sur l'accepteur de Michael **6a** par couplage entre ce dernier et le 4-bromobutyrate d'éthyle. Cette tentative s'est soldée par un échec même en utilisant du zinc activé (Zn*)[46]. Les données de la littérature[47] et notamment les travaux de KNOCHEL[48] montrent que les dérivés organozinciques sont aisément accessibles à partir des dérivés iodés correspondants. La conversion de bromobutyrate en iodobutyrate d'éthyle est quantitative[49] en utilisant un excès de NaI à reflux d'acétone (schéma 23).

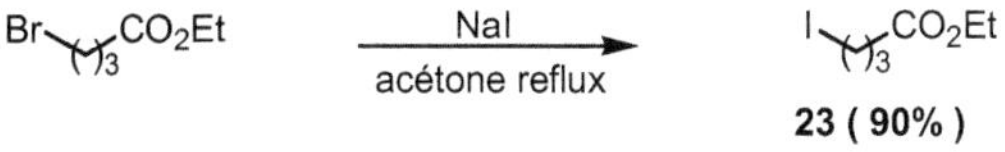

schéma 23

A partir de cet iodobutyrate il a été possible de synthétiser dans un premier temps l'organozincique et dans un second temps le cuprate zincique d'ordre supérieur correspondant en utilisant une quantité stœchiométrique d'une solution de CuCN.2LiCl[48b-48d]. La condensation de ce cuprate sur le bromodiester **6a** conduit, selon un mécanisme d'addition-élimination, à l'oléfine trisubstituée trifonctionnelle **24** avec un rendement de 49%. Ce dernier nous l'avons pu optimiser (65%) par utilisation de triflate de Bore[48a,50] qui agit comme activant de la fonction carbonyle. Dans ces conditions, la stéréosélectivité est totale en faveur du stéréoisomère *E* (schéma 24).

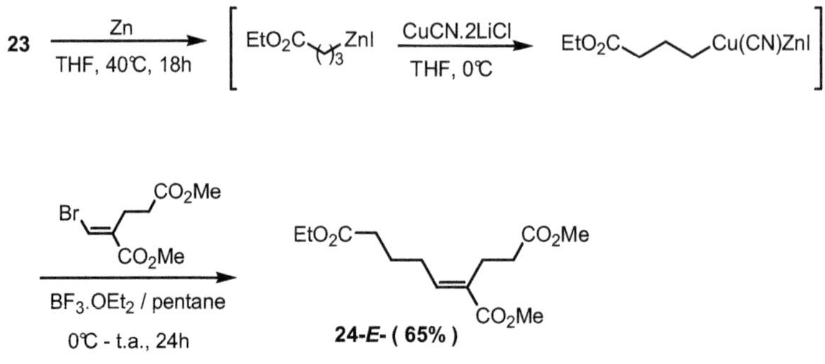

schéma 24

Comme dans le cas du diester **21**, l'addition de l'amine de Davies s'avère difficile sur le triester **24** et seuls des produits de dégradation sont alors observés. Il est vraisemblable que l'amidure a réagi dans les deux cas comme base et non pas comme nucléophile, étant donné la présence des protons mobiles en α de la fonction ester. Ceci est confirmé par les travaux relevés dans la littérature[43,45,51,52] où seuls des accepteurs de Michael simples et non fonctionnels se prêtent à ce type d'addition.

Il convient enfin de noter que l'addition d'amidocuprate tels que ceux décrits par YAMAMOTO[53] ne conduit pas dans notre cas au produit d'addition-1,4 recherché. Cependant, l'addition d'un amidozincate, moins basique, généré à partir de l'amidure lithié par transmétallation à partir de diméthylzinc,[54] sur le crotonate de méthyle, conduit au β-aminoester correspondant **25** avec 42% de rendement et une diastéréosélectivité totale. Malheureusement, l'extension de cette approche à des accepteurs de Michael hautement fonctionnalisés tels que le triester **24** ou l'α-éthylidène glutarate de diméthyle **7a**, ne conduit pas aux produits attendus dans les conditions opératoires décrites dans la littérature (schéma 25)

```
                          1) ⁿBuLi / Hexane, -78°C
Ph    N   Ph         ─────────────────────────────→    R*RN-ZnMe₂Li
      H              2) Me₂Zn / Toluène, -78°C


                          Me
                            \═══\  CO₂Me                       Ph
                                           ─────→        Ph    N           d.e. = 100%
R*RN-ZnMe₂Li                                                   |
                          THF, -78°C à -30°C             Me    CO₂Me

                                                         25 ( 42% )

                                  CO₂Me
                          Me  \═══\
                                                     ─────→   produits de dégradation
                          7a      CO₂Me
                          THF, -78°C à -30°C
```

schéma 25

Cette tentative de synthèse non concluante de la lupinine nous a incité à valoriser autrement nos accepteurs de Michael fonctionnalisés de type **6** et **7**. Ainsi, nous avons jugé intéressant d'introduire un reste silylé sur ces diesters vu l'opportunité offerte par la présence d'un groupement silylé sur des molécules fonctionnelles.

III- SILYLCUPRATION DES ACCEPTEURS DE MICHAEL FONCTIONNALISES

Comme cela a été mentionné au début de ce chapitre, la silylcupration de FLEMING[22a,33] constitue un moyen efficace pour introduire un groupement silylé sur un squelette carboné. Appliquée aux accepteurs de Michael de type **7** que nous avons préparé, cette silylcupration conduit au β-silylester **26** sous forme de deux diastéréoisomères non séparables. En effet l'addition à basse température, d'un léger excès de silylcuprate de Fleming sur le (*E*)-α-alkylidène glutarate de diméthyle **7** fournit, après hydrolyse, l'adduit de Michael correspondant **26** avec de bons rendements et une distéréosélectivité satisfaisante allant de 48% à 98% selon la taille du groupement R du glutarate (schéma 26).

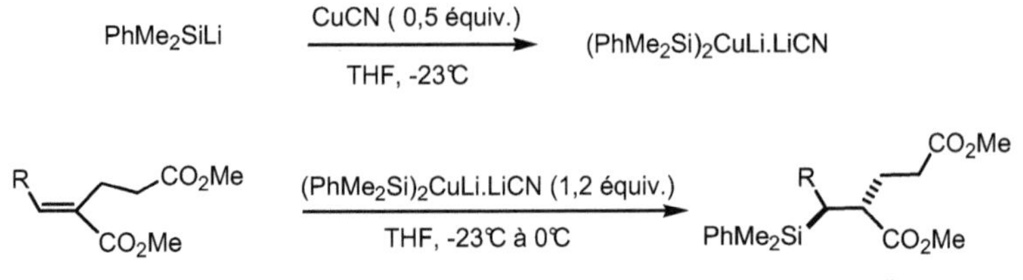

PhMe$_2$SiLi $\xrightarrow{\text{CuCN (0,5 équiv.)}}_{\text{THF, -23°C}}$ (PhMe$_2$Si)$_2$CuLi.LiCN

R–CH=C(CO$_2$Me)(CO$_2$Me) $\xrightarrow{\text{(PhMe}_2\text{Si)}_2\text{CuLi.LiCN (1,2 équiv.)}}_{\text{THF, -23°C à 0°C}}$ R–CH(PhMe$_2$Si)–CH(CO$_2$Me)–CO$_2$Me

7(a-d)   **26(a-d)**

schéma 26

Le diastéréoisomère majoritaire est celui possédant la configuration relative *anti* (schéma 26). La configuration *anti* du β-silylester est déterminée lors de la protonation de l'intermédiaire énolate résultant de l'addition de silylcuprate sur le diester α-alkylidinéque **7** de configuration *E*. D'après les observations de FLEMING,[55] le diastéréocontrôle croît avec la taille du groupement R de l'ester α,β-insaturé β-substitué.

Afin de rationaliser cette configuration relative *anti*, nous avons représenté deux états de transitions possibles **T1** et **T2** dans lesquels l'approche du proton procède en *anti* par rapport au groupement silylé encombrant[55]. L'état de transition T2 est généralement plus favorable que T1 car il présente moins de contrainte allylique $A_{1,3}$. Cependant, l'état de transition T2 devient largement défavorisé avec la grande taille de R (où les interactions allyliques $A_{1,2}$ deviennent plus importantes) en faveur de l'état de transition T1 ou n'importe quel état de transition qui minimise cette interaction. Dans ce cas le diastéréocontrôle sera proportionnel à la taille du groupement R et le diastéréoisomère *anti* sera majoritaire[55].

Cette même corrélation observée dans nos résultats nous permet ainsi d'invoquer un état de transition de type T1 afin d'expliquer la diastéréosélectivité obtenue lors de cette silylcupration (Fig. 3.).

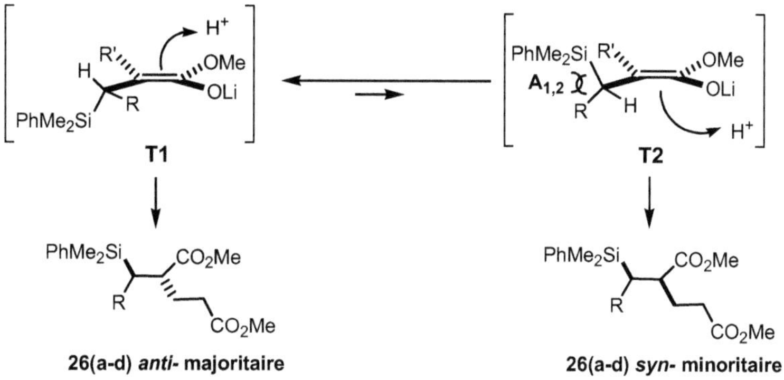

Fig. 3. Etats de transition

Les différents β-silylesters synthétisés ainsi que les proportions des deux diastéréoisomères, mesurées à partir des spectres RMN ^{1}H sont consignés dans le Tableau XI.

Tableau XI : β-silylesters synthétisés

Entrée	R	Conditions	Anti / Syn (%)^a	Rdt (%)^b	e.d. (%)
26a	Me	-23°C à 0°C, 4h	74 / 26	76	48
26b	^{i}Pr	-23°C à 0°C, 6h	82 / 18	68	64
26c	Bn	-23°C à 0°C, 6h	93 / 7	74	86
26d	^{t}Bu	0°C, 10h	99 / 1	68	98

(a) Calculé sur le mélange brut par intégration des signaux relatifs à OMe et SiMe.
(b) Rendement en produit isolé pur après chromatographie.

Comme nous l'avons fait remarquer plus haut la valeur de l'*e.d.* augmente lorsque le pouvoir encombrant du groupement R augmente.

D'autre part, la silylcupration des esters α,β-insaturés α-hydroxylés[56] a été réalisée dans les mêmes conditions opératoires, mais les rendements obtenus sont faibles. Il a fallu ainsi protéger au préalable ces alcools. Cette protection sous forme d'éther silylé est facile et conduit à des rendements quantitatifs. Les produits **27(a-b)** obtenus sont stables dans le temps et à la température ambiante (schéma 27).

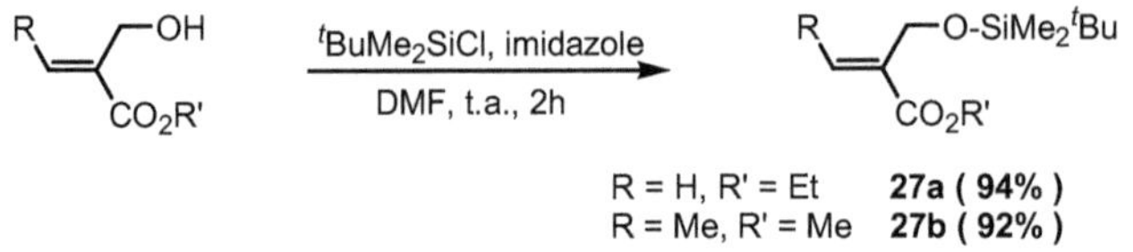

CHAPITRE III : Addition conjuguée de silylcuprate sur des accepteurs de Michael

$$R\diagup\!\!\!\!\!\diagdown\text{OH} \quad \xrightarrow[\text{DMF, t.a., 2h}]{^t\text{BuMe}_2\text{SiCl, imidazole}} \quad R\diagup\!\!\!\!\!\diagdown\text{O-SiMe}_2{^t\text{Bu}}$$
$$\qquad\quad\text{CO}_2\text{R'} \qquad\qquad\qquad\qquad\qquad\qquad\qquad\qquad \text{CO}_2\text{R'}$$

R = H, R' = Et   27a (94%)
R = Me, R' = Me 27b (92%)

schéma 27

Une fois protégés, les accepteurs de Michael **27(a-b)** subissent une addition conjuguée du silylcuprate pour conduire aux adduits silylés correspondants avec des rendements satisfaisants (schéma 28).

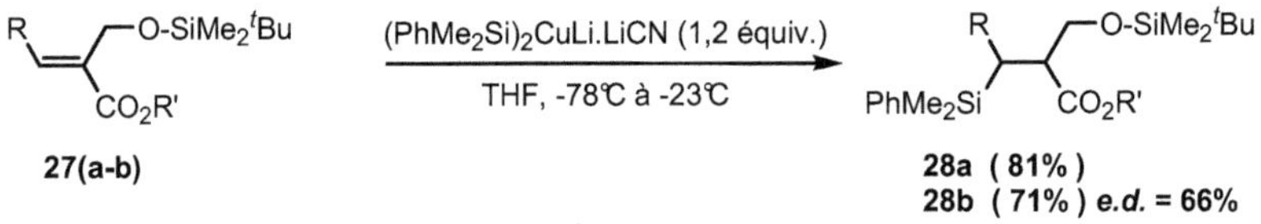

$$R\diagup\!\!\!\!\!\diagdown\text{O-SiMe}_2{^t\text{Bu}} \quad \xrightarrow[\text{THF, -78°C à -23°C}]{(\text{PhMe}_2\text{Si})_2\text{CuLi.LiCN (1,2 équiv.)}} \quad R\diagup\!\!\!\!\!\diagdown\text{O-SiMe}_2{^t\text{Bu}}$$

27(a-b)

28a (81%)
28b (71%) e.d. = 66%

schéma 28

Il convient de signaler que la silylcupration des esters α,β-insaturés est accompagnée généralement de produits secondaires de dimérisation et d'oligomérisation. En effet, FLEMING[(42)] a montré qu'au cours de la silylcupration de ces systèmes α,β-insaturés, l'intermédiaire énolate peut réagir sur une deuxième, voire une troisième molécule d'ester α,β-insaturé pour conduire au produit d'oligomérisation cyclique (schéma 29).

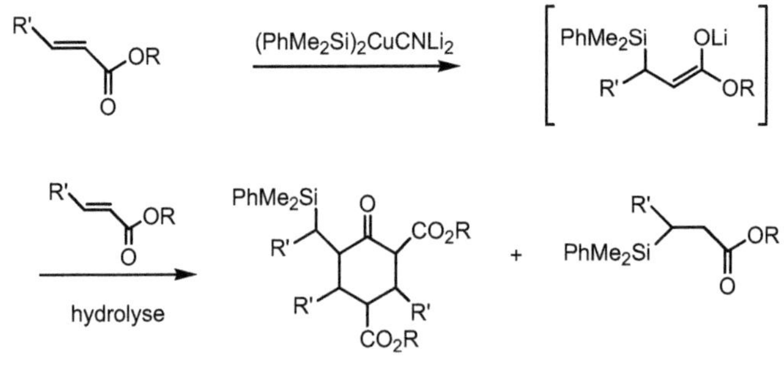

schéma 29

Cette oligomérisation est surtout observée pour les esters α,β-insaturés β-non substitués alors qu'elle est beaucoup moins importante quand il s'agit des esters

α,β-insaturés β-substitués. Pour éviter cette oligomérisation et par suite augmenter le produit de silylcupration, Fleming propose deux solutions :
- L'emploi de silylzincates à la place de silylcuprates[42] permet une amélioration du rendement de ces réactions d'additions conjuguées surtout quand celles-ci sont conduites sur une grande quantité de réactif de départ.
- L'utilisation de chlorure de triméthylsilane[34a] permet de piéger l'intermédiaire énolate avant hydrolyse ce qui évite ces réactions secondaires.

Ainsi, l'addition de bis-(phenyldiméthylsilyl) cuprate sur l'α-méthylène glutarate de diméthyle **4a** en présence d'un excès de chlorure de triméthylsilane dans le THF à basse température conduit quasi quantitativement (96%) au β-silylester **29** correspondant (schéma 30).

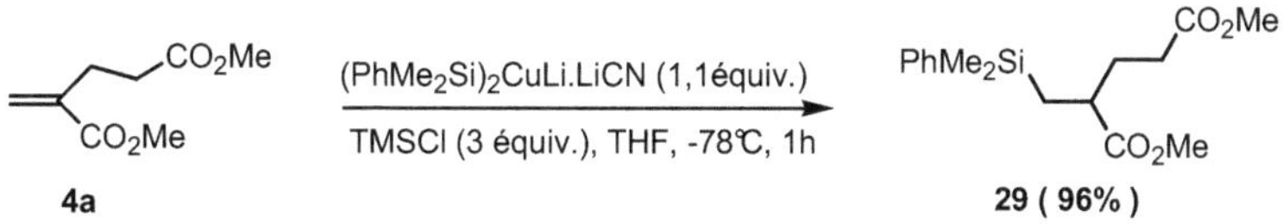

$$\text{4a} \xrightarrow[\text{TMSCl (3 équiv.), THF, -78°C, 1h}]{(PhMe_2Si)_2CuLi.LiCN\ (1,1\,\text{équiv.})} \text{29 (96%)}$$

schéma 30

IV- SYNTHESE DIASTEREOSELECTIVE DE δ-LACTONES FONCTIONNELLES

Dans le but de valoriser les β-silylesters **26(a-d)**, nous nous sommes intéressés à l'oxydation de la liaison carbone-silicium du groupement $PhMe_2Si-$ qui permettrait d'accéder aux alcools correspondants précurseurs de δ-lactones. Lors de nos premiers essais, nous avons réalisé cette oxydation en utilisant KBr en présence d'acétate de sodium dans l'acide peracétique. La réaction n'est pas univoque et donne lieu à un mélange de produit. Cependant, l'oxydation de la liaison C-Si du β-silylester **26c**, en présence d'acétate mercurique dans l'acide peracétique, fournit le diester alcool correspondant accompagné de la δ-lactone recherchée.

Par ailleurs, le traitement des β-silylesters **26(a-d)** en présence d'un large excès d'acide peracétique (39% dans l'acide acétique) conduit à l'alcool intermédiaire lequel subit une réaction de transestérification intramoléculaire, dans le milieu fortement acide, pour conduire, en une seule étape, à une série de δ-lactones fonctionnelles **30(a-d)** avec de bons rendements et une diastéréosélectivité allant de 52% à 94%[57], démontrant si nécessaire la stéréospécificité du processus (schéma 31).

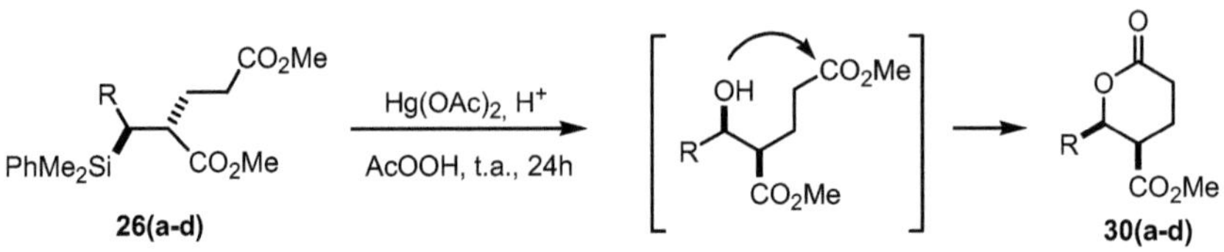

schéma 31

L'attribution de la configuration *cis* du diastéréoisomère majoritaire est basée sur l'analyse des données RMN bidimensionnelle (NOESY) et l'effet nucléaire Overhauser (nOe)[*] d'une paire de δ-lactones séparables (**30b**) par chromatographie sur colonne.

Ainsi, quand on irradie le proton à C-3 (δ = 2.77 ppm) du diastéréoisomère majoritaire de **30b**, nous constatons une augmentation d'énergie de l'ordre de 5,4% acquise par le proton à C-2 (δ = 4.39 ppm, 5,4%). Par ailleurs, quand cette expérience est reprise pour le diastéréoisomère minoritaire (le proton à C-3 δ = 3.05 ppm), aucune corrélation n'est observée. Ceci nous permet de conclure que les deux protons sur C-2 et C-3 du diastéréoisomère minoritaire sont éloignés et se trouvent donc de part et d'autre du plan du cycle (position *trans*), alors que les deux protons sur C-2 et C-3 appartenant au diastéréoisomère majoritaire, sont plus proches dans l'espace et sont donc du même côté du plan de l'hétérocycle (position *cis*) (Fig. 4.).

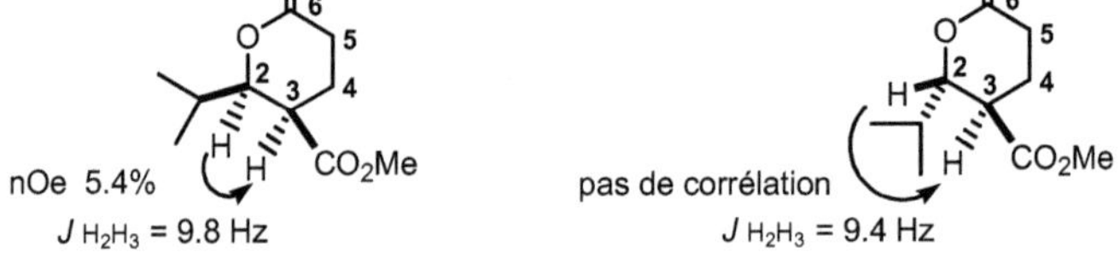

30b-*cis*
nOe 5.4%
$J_{H_2H_3} = 9.8$ Hz

30b-*trans*
pas de corrélation
$J_{H_2H_3} = 9.4$ Hz

Fig. 4. Diastéréoisomère *cis* majoritaire

---

[*] L'effet nucléaire Overhauser est une technique qui consiste à irradier la molécule à une fréquence égale à celle d'un proton H_x convenablement choisi. L'interaction à travers l'espace de ce proton H_x avec un autre proton H_y, se traduirait, si elle existe, par un accroissement de l'intensité du signal du proton H_y. Cet accroissement est d'autant plus grand que l'interaction entre les deux protons est importante.

Sur ces bases et par analogie pour tous les autres produits, nous avons attribué la conformation *cis* à l'isomère majoritaire des δ-lactones **30(a-d)**.[57]

La stéréospécificité de l'oxydation de la liaison carbone-silicium (rétention de configuration)[30] est confirmée par la corrélation entre les excès diastéréoisomériques des δ-lactones et ceux des β-silylesters de départ.

Les différentes δ-lactones synthétisées et les proportions *cis/trans* des deux diastéréoisomères sont rapportées dans le Tableau XII.

Tableau XII : δ-Lactones synthétisées.

δ-lactones	R	Cis / Trans	Rdt (%)	e.d. (%)
30a	Me	76 : 24	72	52
30b	^{i}Pr	83 : 17	68	66
30c	Bn	92 : 8	78	84
30d	^{t}Bu	97 : 3	65	94

Les δ-lactones fonctionnalisées mentionnées ci-haut sont des intermédiaires de synthèse très utiles, notamment dans la préparation de polypropionates et divers composés d'intérêt biologique[58].

V- TENTATIVES D'ADDITION ENANTIOCONTROLEE DE SILYLZINCATE

Les travaux de RICCI[59] montrent qu'il est possible d'accéder à des acylsilanes fonctionnels par couplage entre les chlorures d'acides et un silylzincate (schéma 32).

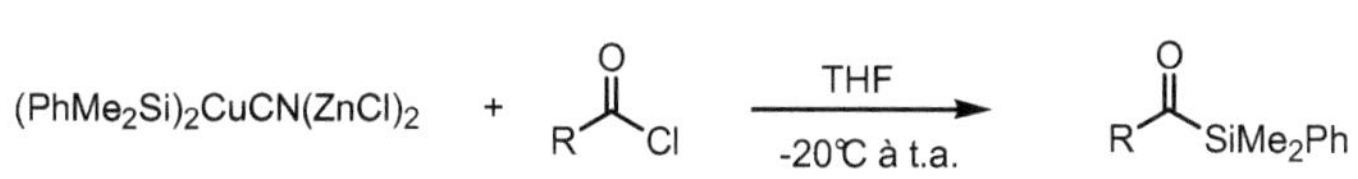

$$(PhMe_2Si)_2CuCN(ZnCl)_2 \; + \; \underset{R}{\overset{O}{\|}}Cl \; \xrightarrow[-20°C \; à \; t.a.]{THF} \; \underset{R}{\overset{O}{\|}}SiMe_2Ph$$

schéma 32

Par ailleurs, l'addition de silylzincates sur des esters α,β-insaturés selon la méthode de OSHIMA[41] ou de SEEBACH[60] conduit au produit d'addition-1,4. Une extension de ce type de réaction en présence d'un inducteur chiral voire d'une catalyse au cuivre, par analogie aux travaux rapportés dans la littérature[39,40], devrait être réalisable et permettrait l'introduction énantiocontrôlée d'un reste silylé sur un système α,β-insaturé. Cette transformation n'a pas été décrite à ce jour.

Le silylzincate est préparé selon la méthode de RICCI[59,61] par transmétallation du silyllithien correspondant par $ZnCl_2$ ou $MgBr_2$ (schéma 33).

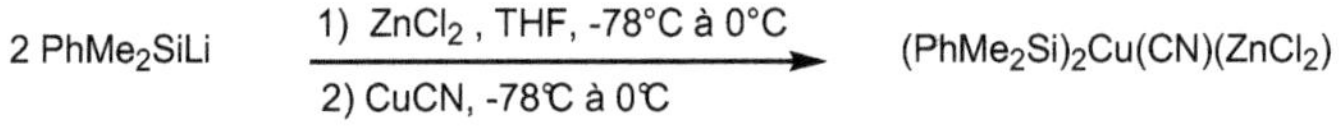

$$2\ PhMe_2SiLi \quad \xrightarrow[\text{2) CuCN, -78°C à 0°C}]{\text{1) ZnCl}_2\text{, THF, -78°C à 0°C}} \quad (PhMe_2Si)_2Cu(CN)(ZnCl_2)$$

schéma 33

Nos essais préliminaires d'addition de silylzincates ont été réalisés sur un accepteur de Michael simple tel que le crotonate de méthyle. En effet, l'addition de silylzincate sur cet ester α,β-insaturé en présence d'une quantité catalytique de Cu(II) sous forme de triflate de cuivre $(CF_3SO_3)_2Cu$ et d'un ligand achiral telle que la tributylphosphine, conduit d'une manière univoque au produit d'addition-1,4 **31** (schéma 34).

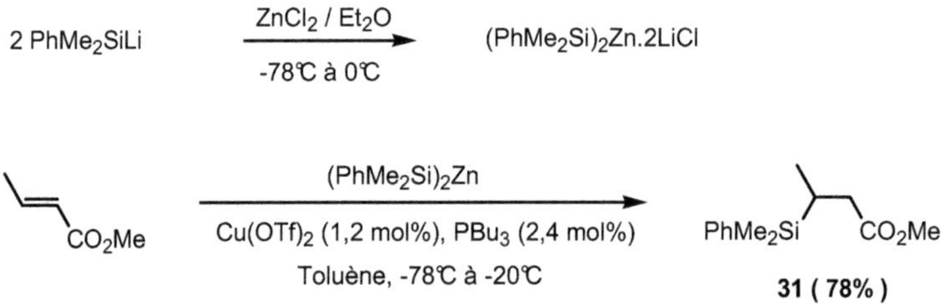

$$2\ PhMe_2SiLi \quad \xrightarrow[\text{-78°C à 0°C}]{ZnCl_2\ /\ Et_2O} \quad (PhMe_2Si)_2Zn \cdot 2LiCl$$

$$\underset{CO_2Me}{\diagup\!\!\!=\!\!\!\diagdown} \quad \xrightarrow[\substack{Cu(OTf)_2\ (1,2\ mol\%),\ PBu_3\ (2,4\ mol\%) \\ \text{Toluène, -78°C à -20°C}}]{(PhMe_2Si)_2Zn} \quad PhMe_2Si\diagdown\!\!\!\diagup CO_2Me$$

31 (78%)

schéma 34

Par analogie aux travaux de la littérature[40] concernant l'addition de diéthylzinc sur des énones cycliques et acycliques, nous avons réalisé notre silylzincation asymétrique en présence des ligands phosphorés, dérivés de l'acide tartrique[62] tels que le TADDOL et TADDOL-P (Fig. 5.).

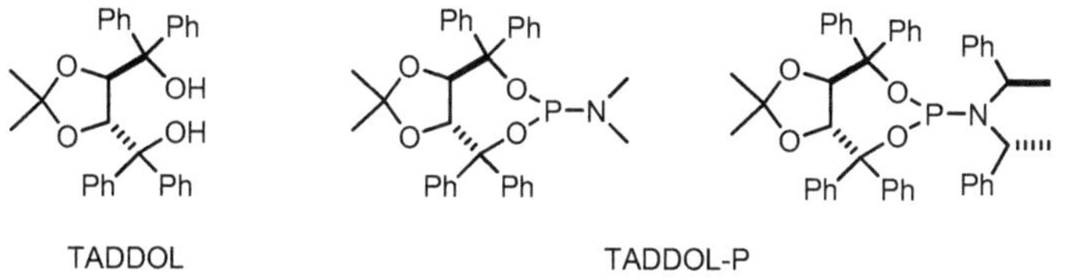

TADDOL

TADDOL-P

Fig.5. Ligands dérivés de l'acide tartrique

La réaction est achevée au bout d'une heure d'agitation à basse température mais la réaction conduit, dans tous les cas, au β-silylester sous forme racémique (schéma 35).

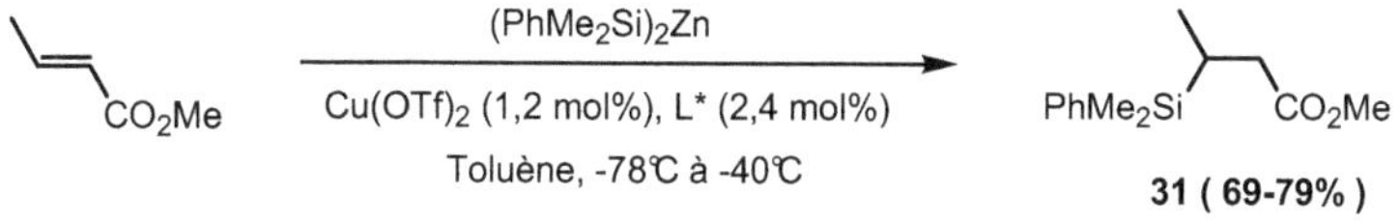

```
         (PhMe₂Si)₂Zn
   ────────────────────────────►
   Cu(OTf)₂ (1,2 mol%), L* (2,4 mol%)        PhMe₂Si    CO₂Me
   Toluène, -78°C à -40°C                    31 ( 69-79% )
```

schéma 35

Pour tester l'effet catalytique du cuivre (II) et/ou du ligand, nous avons réalisé une silylzincation sans cuivre ni ligand. Dans ces conditions la réaction est très lente et il a fallu opérer à la température ambiante pour isoler le produit d'addition après 24 heures d'agitation. Par ailleurs, la réaction est achevée au bout d'une heure à –80°C en présence d'une quantité catalytique de cuivre (1,2 mol%) et sans ligand. Ce qui justifie que cette silylzincation est bien catalysée par le Cu(II).

D'autres ligands chiraux tels que le PYBOX et le binaphtol ont été testés dans cette silylzincation asymétrique (Fig. 6.). Bien que la réaction soit plus rapide avec ces ligands (20 min), nous n'observons pas d'enrichissement énantiomérique du produit d'addition-1,4 (schéma 36).

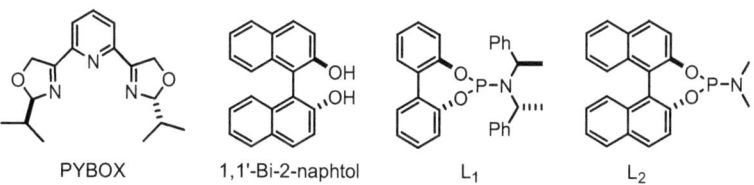

PYBOX   1,1'-Bi-2-naphtol   L₁   L₂

Fig. 6. Ligands utilisés

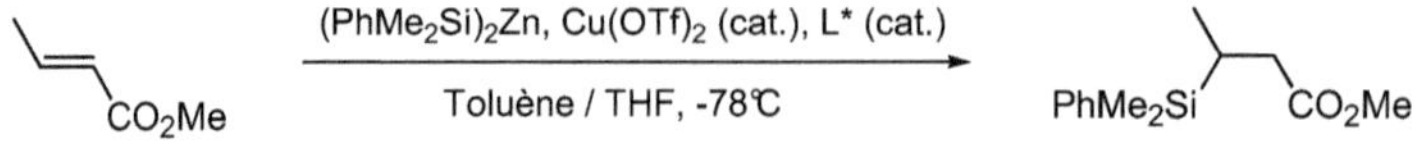

schéma 36

```
             (PhMe₂Si)₂Zn, Cu(OTf)₂ (cat.), L* (cat.)
  ══╲                                                          ╲
     CO₂Me        Toluène / THF, -78°C              PhMe₂Si     CO₂Me

     PYBOX (2,4mol%), Cu(OTf)₂ (1,2mol%), 20min    76% e.e. = 0
     bi-naphtol (3,25mol%), Cu(OTf)₂ (1,5mol%), 10min,  98% e.e. = 0
```

schéma 36

L'addition de silylzincate sur la *trans*-chalcone comme accepteur de Michael[63] en utilisant le ligand L_2 (Fig. 6.) dérivé du binaphtol[62b], conduit au produit d'addition racémique **32** avec un rendement de 68% (schéma 37).

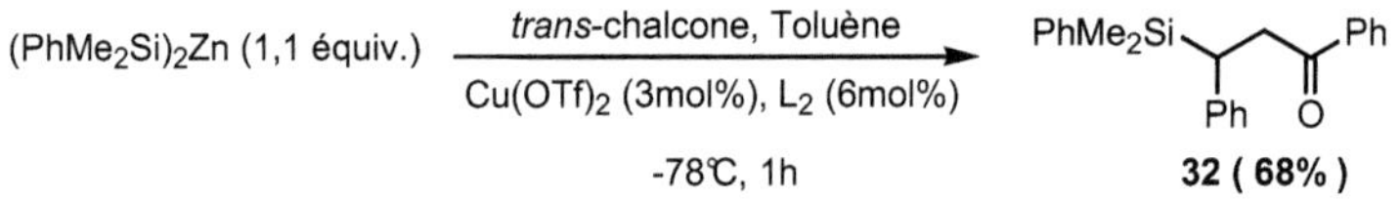

```
                     trans-chalcone, Toluène       PhMe₂Si       Ph
 (PhMe₂Si)₂Zn (1,1 équiv.)  ─────────────────►            ╲╱╲╱
                      Cu(OTf)₂ (3mol%), L₂ (6mol%)        Ph   O
                            -78°C, 1h                  32 ( 68% )
```

schéma 37

ALEXAKIS et Coll.,[39,64] dans leurs travaux sur l'addition conjuguée asymétrique de diéthylzinc sur la cyclohexénone, ont rapporté que l'utilisation d'un solvant non coordinant tel que le toluène ou le dichlorométhane est nécessaire afin de conserver les coordinations existant dans le complexe Cu-Ligand lors du processus réactionnel. Récemment[65], la même équipe a montré que cette addition conjuguée asymétrique pouvait être indépendante de la nature du solvant. Ainsi l'utilisation de différents solvants tels que l'éther, le THF voire l'acétate d'éthyle fournit d'excellents excès énantiomériques ; alors que la nature du ligand et la source de cuivre semblent jouer un rôle déterminant dans cette réaction d'addition asymétrique (schéma 38).

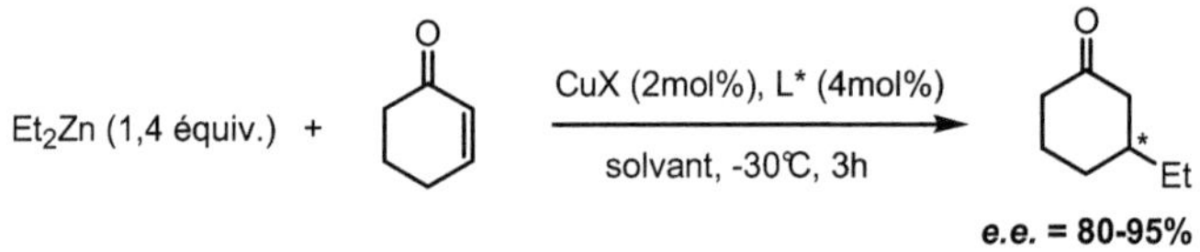

```
                                    CuX (2mol%), L* (4mol%)
  Et₂Zn (1,4 équiv.) +   [cyclohexénone]  ───────────────►   [cyclohexanone]-Et
                                     solvant, -30°C, 3h
                                                              e.e. = 80-95%
```

schéma 38

Par analogie avec ces travaux, nous avons effectué une silylzincation sur la même énone en utilisant L_1 (Fig. 6.), dérivé du 2,2'-biphénol comme ligand[64c] en présence d'une quantité catalytique de Cu (II). Le produit d'addition-1,4 **33** est obtenu sous forme racémique avec le $Cu(OTf)_2$ alors qu'un faible excès énantiomérique est observé en utilisant le trifluoroacétate de cuivre comme source de cuivre (schéma 39).

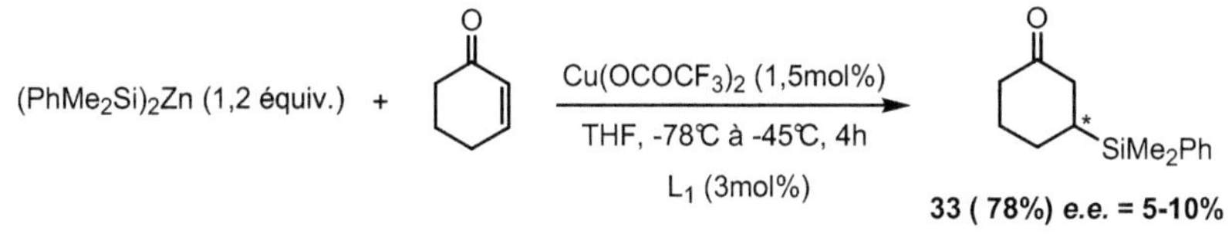
(PhMe2Si)2Zn (1,2 équiv.) +
Cu(OCOCF3)2 (1,5mol%)
THF, -78℃ à -45℃, 4h
L1 (3mol%)
SiMe2Ph
33 (78%) e.e. = 5-10%

schéma 39

Ces essais préliminaires d'addition conjuguée asymétrique de $PhMe_2Si$-, bien qu'ils soient encore peu satisfaisants en terme d'énantiosélectivité, montrent que le processus est viable et peut certainement être amélioré en changeant la nature du ligand et la source de cuivre. Cette méthodologie est particulièrement intéressante car elle constituerait une méthode *d'introduction asymétrique d'un groupement "OH"* sur des oléfines activées, transformation inconnue à ce jour.

Dans le dernier volet de ce chapitre, nous présentons la synthèse de nouveaux précurseurs silylés dans le but de leur éventuelle utilisation en synthèse organique.

VI- SYNTHESE DE NOUVEAUX REACTIFS DISILANES

COREY[(66)] a récemment montré qu'il était possible de générer un nouveau réactif silyllithien par clivage de la liaison Si-Si d'un disilane de départ. Ce nouveau réactif lithiosilane est susceptible de s'additionner, en présence de cuivre, sur des systèmes α,β-insaturés. L'avantage de ce processus réside dans les conditions douces d'oxydation de la liaison carbone-silicium grâce à la présence d'un groupement électrodonneur (OMe) sur le noyau aromatique lié au silicium (schéma 40).

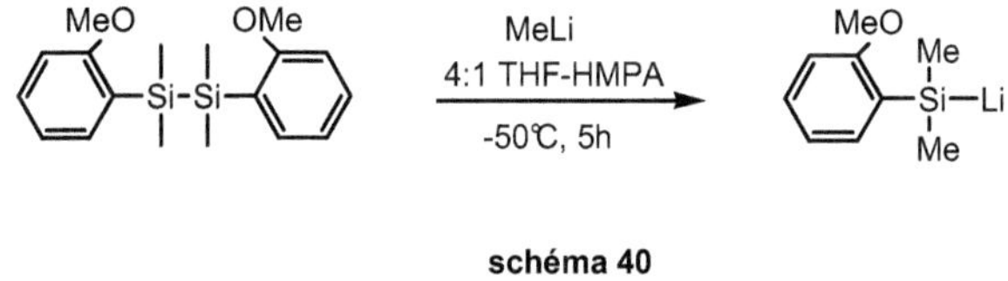
MeO
OMe
Si-Si
MeLi
4:1 THF-HMPA
-50℃, 5h
MeO
Me
Si—Li
Me

schéma 40

A la lumière de ce qui précède, nous avons jugé utile de développer de nouveaux réactifs disilanes avec un noyau aromatique plus substitué afin de faciliter la rupture de la liaison Si-Si.

La condensation d'anion aryllithium[67], préparé par action de butyllithium sur le 1-bromo-2,6-diméthylbenzène, sur le tétraméthyldichlorodisilane à reflux de THF, conduit au disilane **34** avec un rendement de 40% (schéma 41).

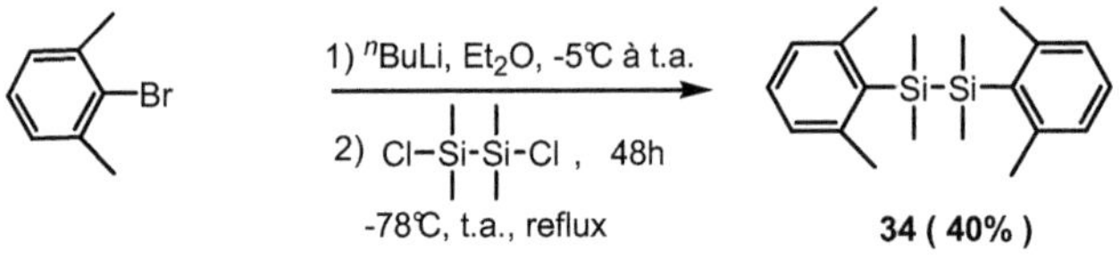

schéma 41

D'une façon similaire, nous avons pu isoler le disilane **35** à partir du 1,3-diméthoxybenzène et le tétraméthyldichlorodisilane commercial (schéma 42).

schéma 42

Il est à noter que la cinétique du clivage de la liaison Si-Si dans ce type de disilane croît avec l'encombrement stérique sur le noyau aromatique[68]. Ainsi, nous pensons qu'avec de tels systèmes (**34** et **35**) très riche en électron, il est possible de cliver cette liaison dans des conditions douces, ce qui permettrait de générer l'espèce silyllithium et de l'engager ultérieurement dans des réactions d'addition-1,4. L'oxydation de la liaison C-Si sera par conséquent plus facile et pourrait se faire par voie photochimique[69], ce qui constituerait un atout supplémentaire pour ces disilanes.

VII- CONCLUSION

*N*ous avons montré dans ce chapitre que le processus de silylcupration (silylzincation) suivi d'une oxydation de la liaison C-Si, peut être appliqué à des accepteurs de Michael hautement fonctionnalisés tels que les diesters 7 et constitue une méthode prometteuse de synthèse diastéréosélective de δ-lactones fonctionnalisées. La version asymétrique de ce processus, encore inexplorée à ce jour, suscite également un grand intérêt. Nos premiers résultats montrent que l'approche est viable bien que les énantiosélectivités soient encore très faibles.

*E*nfin, nous avons développé une méthode d'accès à des disilanes variés dont le clivage fournit, dans des conditions douces, des intermédiaires de choix en synthèse organique.

BIBLIOGRAPHIE

1. Michael, A. *J. Parkt. Chem.* **1887**, *35*, 379.
2. House, H. O.; Fisher, W. F. *J. Org. Chem.* **1969**, *34*, 3615.
3. March, J. *Advanced Org. Chem.* 4th Ed., Wiely-Interscience (New York) **1992**.
4. Perlmutter, R. *"Conjugate Addition reactions in Organic Synthesis"* Pergamon Press Ltd, **1992**.
5. Bergboitier, D. E.; Killough, J. M. *J. Org. Chem.* **1976**, *41*, 2750
6. Ashby, E. C.; Lin J. J. *J. Org. Chem.* **1997**, *42*, 2805.
7. Lipshutz, B. H.; Parker, D.; Kozlowski, J. A.; Miller, R. D. *J. Org. Chem.* **1983**, *48*, 3334.
8. Hooz, A. J., Layton, R. B. *Can. J. Chem.* **1970**, *48*, 1626.
9. Lipshutz, B. H.; Wilhelm, R. S.; Kozlowski, J. A. *Tetrahedron* **1984**, *40*, 5005.
10. Lipshutz, B. H. *Synthesis* **1987**, 325.
11. House, H. O. *Acc. Chem. Res.* **1976**, *9*, 59.
12. House, H. O.; Wikins, J. M. *J. Org. Chem.* **1978**, *43*, 2443.
13. Daviaud, G.; Miginiac, P. *Tetrahedron Lett.* **1973**, *35*, 3345.
14. Smith, R. A. J.; Hannah, D. J. *Tetrahedron* **1979**, *35*, 1183.
15. Hannah, D. J.; Smith, R. A. J.; Teoh, I.; Weavers, R. T. *Aust. J. Chem.* **1981**, *34*, 181.
16. Casey, C. P.; Cesa, M. C. *J. Am. Chem. Soc.* **1979**, *101*, 4236.
17. Johnson, C. R.; Dutra, G. A. *J. Am. Chem. Soc.* **1973**, *95*, 7777.
18. (a) Gilman, H.; Tomasi, R. A. *J. Org. Chem.* **1962**, *27*, 3647 (b) Peterson, D. *Ibid.* **1968**, *33*, 780.
19. (a) Tamao, K.; Ishida, N. *J. Organomet. Chem.* **1984**, *269*, C37 (b) Fleming, I.; Henning, R.; Plaut, H. E. *J. Chem. Soc. Chem. Commun.* **1984**, 29.
20. (a) Ager, D. J.; Fleming, I. *J. Chem. Soc. Chem. Commun.* **1978**, 177 (b) Fleming, I.; Roessler, F. *J. Chem. Soc. Chem. Commun.* **1980**, 276.
21. Fleming, I.; Marchi, D. *Synthesis* **1981**, 560.
22. (a) Fleming,, I.; Newton, T. W.; Roessler, F. *J. Chem. Soc. Perkin I* **1981**, 2527 (b) Fleming, I.; Rowley, M. *Tetrahedron* **1989**, *45*, 413.

23. Fleming, I.; Dunognès, J.; Smithers, R. *Org. React.* **1989**, 37, 57.
24. Fleming, I.; Waterson, D. *J. Chem. Soc. Chem. Commun.* **1984**, 1809.
25. Fleming, I.; Kibburm, J. D. *J. Chem. Soc. Chem. Commun.* **1986**, 305.
26. Buncel, E.; Davies, A. G. *J. Chem. Soc.* **1958**, 1550.
27. Tamao, T.; Ishida, N.; Kumada, M. *J. Org. Chem.* **1983**, *48*, 2120.
28. Fleming, I.; Sanderson, P. E. J. *Tetrahedron Lett.* **1987**, *28*, 4229.
29. Fleming, I.; Henning, R.; Parker, D. C.; Plaut, H. E.; Sanderson, P. E. J. *J. Chem. Soc. Perkin Trans. 1* **1995**, 317.
30. Jones, G. R.; Landais, Y. *Tetrahedron* **1996**, *52*, 7599.
31. (a) Tamao, K.; Kakui, T.; Akita, M.; Iwahara T.; Kantani, R.; Yoshida, J.; Kumada, M. *Tetrahedron* **1983**, *39*, 983.
32. (a) Eaborn, C. *J. Organomet. Chem.* **1975**, *100*, 43 (b) Eaborn, C.; Bott, R. W. *"Organometallic Compounds of the group IV Elements"* Ed. MacDiarmid, A. G. New York, **1968**, *Vol. 1*, 408-417.
33. Ahmar, M.; Duyck, C.; Fleming, I. *Pure & Appl. Chem.* **1994**, *66*, 2049.
34. (a) Fleming, I.; Lee, D. *Tetrahedron Lett.* **1996**, *37*, 6929 (b) Ager, D. J.; Fleming, I.; Patel, S. K. *J. Chem. Soc. Perkin I* **1981**, 2520.
35. (a) Fleming, I.; Winter, S. B. D. *Tetrahedron Lett.* **1995**, *36*, 1733 (b) Fleming, I.; Kilburn, J. D. *J. Chem. Soc. Chem. Commun.* **1986**, 1198.
36. (a) Fleming, I., Lawrence, N. J. *Tetrahedron Lett.* **1990**, *31*, 3645 (b) Fleming, I.; Lawrence, N. J. *J. Chem. Soc. Perkin Trans. 1* **1998**, 2679.
37. Fleming, I.; Winter, S. B. D. *Tetrahedron Lett.* **1993**, *34*, 7287.
38. (a) Curtis, N. R.; Holmes, A. B.; Looney, M. G. *Tetrahedron Lett.* **1992**, *33*, 671 (b) Curtis, N. R.; Holmes, A. B. *Tetrahedron Lett.* **1992**, *33*, 675.
39. (a) Alexakis, A.; Mutti, S.; Normant, J. F. *J. Am. Chem. Soc.* **1991**, *113*, 6332 (b) Alexakis, A.; Frutos, J.; Mangeney, P. *Tetrahedron: Asymmetry* **1993**, *4*, 2427 (c) Alexakis, A.; Burton, J.; Vastra, J.; Mangeney, P. *Tetrahedron: Asymmetry* **1997**, *8*, 3987.
40. Keller, E.; Maurer, J.; Naasz, R.; Schader, T.; Meetsma, A; Feringa, B. L. *Tetrahedron: Asymmetry* **1998**, *9*, 2409.
41. Tückmantel, W.; Oshima, K.; Nozaki, H. *Chem. Ber.* **1986**, *119*, 1581.
42. Crump, R. A. N. C.; Fleming, I.; Urch, C. J. *J. Chem. Soc. Perkin Trans. 1* **1994**, 701.
43. Davies, S. G.; Ichihara, O. *Tetrahedron: Asymmetry* **1991**, *2*, 183.

44. (a) Rieke, R. D.; Li, P. T-J.; Burns, T. P.; Uhm, S. T. *J. Org. Chem.* **1981**, *46*, 4324 (b) Burns, T. P.; Rieke, R. D. *J. Org. Chem.* **1983**, *48*, 4141 (c) Burns, T. P.; Rieke, R. D. *J. Org. Chem.* **1987**, *52*, 3674 (d) Rieke, R. D.; Kim, S-H.; Wu, X. *J. Org. Chem.* **1997**, *62*, 6921.

45. Bunnage, M. E.; Burk, A. J.; Davies, S. G.; Goodwin, C. J. *Tetrahedron: Asymmetry* **1995**, *6*, 165.

46. Zhu, L.; Wehmeyer, R. M.; Rieke, R. D. *J. Org. Chem.* **1991**, *56*, 1445.

47. (a) Hunter, C.; Jackson, R. F. W.; Rami, H. K. *J. Chem. Soc. Perkin Trans. 1* **2001**, 1349 (b) Kurono, N.; Sugita, K.; Takasugi, S.; Tokuda, M. *Tetrahedron* **1999**, *55*, 6097.

48. (a) Yeh, M. C. P.; Knochel, P.; Santa, L. E. *Tetrahedron Lett.* **1988**, 29, 3887 (b) Knochel, P.; Yeh, M. C. P. *J. Org. Chem.* **1988**, *53*, 2392 (c) Yeh, M. C. P.; Knochel, P. *Tetrahedron Lett.* **1988**, *29*, 2395 (d) Yeh, M. C. P.; Knochel, P. *Tetrahedron Lett.* **1989**, *30*, 4799.

49. (a) Yasui, K.; Fugami, K.; Tanaka, S.; Tamaru, Y. *J. Org. Chem.* **1995**, *60*, 1365 (b) Yasui, K.; Tanaka, S.; Tamaru, Y. *Tetrahedron* **1995**, *51*, 6881 (c) Tamaru, Y.; Ochiai, H.; Nakamura, T.; Yoshida, Z-I. *Org. Synth.* **1988**, *67*, 98 (d) Braun, G. *J. Am. Chem. Soc.* **1930**, *52*, 3167.

50. Hanson, M. V.; Rieke, R. D. *J. Am. Chem. Soc.* **1995**, *117*, 10775.

51. Davies, S. G.; Ichihara, O.; Walters, I. A. S. *J. Chem. Soc. Perkin Trans. 1* **1994**, 1141.

52. Hawkins, J. M.; Lewis, T. A. *J. Org. Chem.* **1992**, *57*, 2114.

53. Asao, N.; Uyehara, T.; Tsukada, N.; Yamamoto, Y. *Bull. Chem. Soc. Jpn.* **1995**, *68*, 2103.

54. Lipshutz, B. H.; Sclafani, J. A.; Takanami, T. *J. Am. Chem. Soc.* **1998**, *120*, 4021.

55. Crump, R. A. N. C.; Fleming, I.; Hill, J. H. M.; Parker, D.; Reddy, N. L.; Waterson, D. *J. Chem. Soc. Perkin Trans. 1* **1992**, 3277.

56. (a) Villiéras, J.; Rambaud, M. *Synthesis* **1982**, 924 (b) Beltaïf, I.; Hbaïeb, S.; Besbes, R.; Amri, H.; Villiéras, M.; Villiéras, J. *Synthesis* **1998**, 1765.

57. Samarat, A.; Landais, Y.; Amri, H. *Synth. Commun.* **2004**, soumis.

58. (a) Audin, P.; Pivetaeu, N.; Dussert, A-S.; Paris, J. *Tetrahedron* **1999**, *55*, 7847 (b) Evans, D. A.; Black, W. C. *J. Am. Chem. Soc.* **1993**, *115*, 4497.

59. Bonini, B. F.; Comes-Franchini, M.; Fochi, M.; Mazzanti, G.; Ricci, A. *J. Organomet. Chem.* **1998**, 567, 181.

60. Sakaki, J-I.; Schweizer, W. B.; Seebach, D. *Helv. Chim. Acta* **1993**, *76*, 2654.
61. Bonini, B. F.; Comes-Franchini, M.; Mazzanti, G.; Passamonti, U.; Ricci, A.; Zani, P. *Synthesis* **1995**, 92.
62. (a) De Vries, A. H. M.; Meetsma, A.; Feringa, B. L. *Angew. Chem. Int. Ed.* **1996**, *35*, 2374. (b) Hulst, R.; De Vries N. K.; Feringa, B. L. *Terahedron: Asymmetry* **1994**, *5*, 699 (c) Seebach, D.; Hayakawa, M.; Sakaki, J-I.; Schweizer, W. B. *Tetrahedron* **1993**, *49*, 1711.
63. De Vries, A. H. M.; Feringa, B. L. *Tetrahedrone: Asymmetry* **1997**, *8*, 1377.
64. (a) Alexakis, A.; Burton, J.; Vastra, J.; Mangeney, P. *Tetrahedron: Asymmetry* **1997**, *8*, 3987 (b) Alexakis, A.; Vastra, J.; Burton, J.; Mangeney, P. *Tetrahedron: Asymmetry* **1997**, 8, 3196 (c) Alexakis, A.; Rosset, S.; Allamand, J.; March, S.; Guillen, F.; Benhaim, C. *Synlett* **2001**, *9*, 1375.
65. Alexakis, A.; Benhaim, C.; Rosset, S.; Human, M. *J. Am. Chem. Soc.* **2002**, *124*, 5262.
66. Lee, T. W.; Corey, E. J. *Org. Lett.* **2001**, *3*, 3337.
67. (a) Turnblon, E. W.; Boettcher, R. J.; Mislow, K. *J. Am. Chem. Soc.* **1975**, *97*, 1766 (b) Hoshi, T.; Nakamura, T.; Suzuki, T.; Ando, M.; Hagiwara, H. *Organometallics* **2000**, *19*, 3170.
68. Hevesi, L.; Dehon, M.; Crutzen, R.; Lazarescu-Grigore, A. *J. Org. Chem.* **1997**, *62*, 2011.
69. (a) Lew, C. S. Q.; McClelland, R. A. *J. Am. Chem. Soc.* **1993**, *115*, 11516 (b) Desvergne, J-P.; Bonneau, R.; Dörr, G.; Bouas-Laurent, H. *Photochem. Photobiol. Sci.* **2003**, *2*, 289.

EXPERIMENTAL SECTION

General Remarks

^{1}H NMR and ^{13}C NMR were recorded on a Bruker AC-200 FT, Bruker AC-250 FT, and on a spectrometer Bruker DPX 200 using CDCl$_3$ as an internal reference unless otherwise stated. The chemical shifts (δ) and coupling constants (J) are respectively expressed in ppm and Hz.

IR spectra were recorded on a Perkin-Elmer Paragon 1000 FT-IR spectrophotometer. The wave number (ν) is expressed in cm^{-1}.

Low and high resolutions mass spectra were recorded on Micromass autospec-Q mass spectrophotometer (EI with ionisation potential of 70 eV, LSIMS with ionisation potential of 35 keV, matrix: 3-nitrobenzyl alcohol).

Melting points were not corrected and determined by using a Büchi Totolli apparatus.
Elemental analyses, expressed in percentage, were performed by the "service central d'analyses" in Vernaison (France).

SDS silica gel 60 or Merck (40-63 μm or 63-200mm) were used for column chromatography unless otherwise indicated. Conditions for flash chromatography are defined in many respects with literature. Proportions of eluents are expressed in volume to volume (v:v).

Slow additions were conducted using a Precidor apparatus.
All anhydrous and inert atmosphere reactions were performed under nitrogen gas.
All the solvents were dried before use: tetrahydrofuran, toluene and diethyl ether were distilled from sodium and benzophenone.

Synthesis of diester 20

Protected alcohol 19: To a stirred solution of 1-chloro propan-1-ol (1.93 g, 20 mmol) in DMF (100 mL) at 0°C, imidazole (4.12 g, 60 mmol, 3 eq.) and *ter*-butyldimethylsilylchloride (4.53 g, 30 mmol, 1.5 eq.) were added and the whole mixture was stirred for 2 hours at room temperature. The reaction mixture was diluted with a saturated solution of NaCl (100 mL) and extracted with ethyl acetate (2 × 100 mL). The organic layer was dried over anhydrous MgSO$_4$ and concentrated in vacuo. A flash chromatography on silica gel affords the protected alcohol **19** (3.71 g, 89%) as a colorless liquid.

1-Chloro-4-*tert*-butyldimethylsilyloxy propane **19**

C$_9$H$_{21}$ClOSi
Mol. Wt.: 208.80

Colorless liquid; R$_f$ = 0.72 (Pentane/Et$_2$O, 95:5). - ^{1}H NMR (250 MHz, CDCl$_3$): δ = 3.74 (t, *J* = 5.8, 2H, CH$_2$O), 3.64 (t, *J* = 6.42, 2H, CH$_2$Cl), 1.94 (qt, *J* = 6.1, 2H, CH$_2$), 0.89 (s, 9H, (CH$_3$)$_3$), 0.06 (s, 6H, (CH$_3$)$_2$Si). - ^{13}C NMR (62.9 MHz, CDCl$_3$): δ = 59.4 (CH$_2$O), 41.8 (CH$_2$Cl), 35.4 (CH$_2$), 25.9 ((CH$_3$)$_3$), 18.3 (C), -5.4 (CH$_3$)$_2$Si).

To a stirred magnesium dust (0.42 g, 17.25 mmol, 1.15 eq.) in THF (1 mL) under nitrogen atmosphere was added silylether **19** (3.13 g, 15 mmol) diluted in dry THF (6.5 mL). The reaction mixture was stirred over night at room temperature. The Grignard solution was added dropwise to a solution of diester **6a** (1.25 g, 5 mmol) and LiCuBr$_2$ (1M) (0.25 mL, 5 mol%) in THF (20 mL) under nitrogen atmosphere at –25°C. The reaction mixture was warmed to stir at 0°C for over night then quenched with a saturated solution of NH$_4$Cl and extracted with ether. The organic layer was dried over anhydrous MgSO$_4$, filtered and concentrated in vacuo. The crude product, covered with starting materials was purified by column chromatography on silica gel to afford the diester **20**.

(*E*)-2-[4-(*tert*-Butyldimethylsilyloxy) butylidene] pentanedoic acid dimethyl ester **20**

C$_{17}$H$_{32}$O$_5$Si
Mol. Wt.: 344.52

Colorless liquid; R$_f$ = 0.54 (Pentane/Et$_2$O, 7:3). - ^{1}H NMR (250 MHz, CDCl$_3$): δ = 6.80 (t, *J* = 7.6, 1H, CH), 3.73 (s, 3H, OCH$_3$), 3.68 (m, 2H, CH$_2$O), 3.61 (s, 3H, OCH$_3$), 2.87 (m, 2H, CH$_2$), 2.74 (m, 2H, CH$_2$),

2.48 (m, 2H, CH$_2$), 2.24 (m, 2H, CH$_2$), 0.85 (s, 9H, (CH$_3$)$_3$), 0.01 (s, 6H, (CH$_3$)$_2$Si). - ^{13}C NMR (62.9 MHz, CDCl$_3$): δ = 172.7 (C=O), 164.7 (C=O), 136.2 (CH), 130.3 (C), 62.1 (CH$_2$O), 52.3 (OCH$_3$) 51.6 (OCH$_3$), 33.3 (CH$_2$), 31.7 (CH$_2$), 25.2 (CH$_2$), 24.9 (CH$_2$), 22.2 ((CH$_3$)$_3$), 18.1 (C), -5.4 ((CH$_3$)$_2$Si).

Synthesis of diester 21

A solution of CuCN.2LiCl was prepared by stirring copper (I) cyanide (627 mg, 7mmol) and anhydrous lithium chloride (599 mg, 14.1 mmol) in THF (9 mL) for one hour at room temperature. The homogenous green solution was transferred *via* syringe to a pre-cooled allylmagnesium bromide solution 1M in ether (7 mL, 7 mmol) at −25°C. The reaction mixture was gradually warmed to 0°C and stirred at 0°C for about 20min. The solution was then cooled to −20°C and dimethyl (*E*)-2-bromomethylene glutarate **6a** (1.25g, 5mmol) diluted in THF (3 mL) was added dropwise. The reaction mixture was stirred one hour at -20°C and then allowed to warm to 0°C for 5 hours. The reaction mixture was then worked up by pouring into a saturated NH$_4$Cl aqueous solution (20 mL) and extracted with diethyl ether (3 × 20 mL). The combined organic layers were dried over anhydrous MgSO$_4$, filtered and the solvent removed at reduced pressure. The resultant crude product was chromatographed on column silica gel to afford diester **21** (668mg, 63%) as a colorless oil.

(*E*)-2-But-3-enylidene pentanedioic acid dimethyl ester **21**

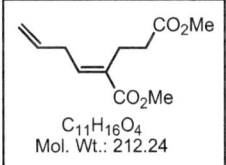
C$_{11}$H$_{16}$O$_4$
Mol. Wt.: 212.24

Colorless oil; R$_f$ = 0.48 (Pentane/Et$_2$O, 4:1). - ^{1}H NMR (250 MHz, CDCl$_3$): δ = 6.82 (t, *J* = 7.9, 1H, CH), 5.77 (m, 1H, CH), 5.07 (m, 2H, =CH$_2$), 3.73 (s, 3H, OCH$_3$), 3.65 (s, 3H, OCH$_3$), 2.97 (m, 2H, CH$_2$), 2.63 (m, 2H, CH$_2$), 2.46 (m, 2H, CH$_2$). - ^{13}C NMR (62.9 MHz, CDCl$_3$): δ = 173.3 (C=O), 167.6 (C=O), 141.0 (CH), 134.4 (CH), 131.0 (C), 116.4 (=CH$_2$), 51.7 (OCH$_3$), 51.5 (OCH$_3$), 33.2 (CH$_2$), 32.5 (CH$_2$), 22.2 (CH$_2$).

Synthesis of triester 24

Ethyl-4-iodobutyrate 23: A mixture of commercially ethyl-4-bromobutyrate (7.5 mL, 50 mmol) and anhydrous sodium iodide (38 g, 5 eq.) in acetone (100 mL) was heated at 60°C for 24 hours under nitrogen atmosphere. The reaction mixture was cooled and the solvent was removed at reduced pressure. Water (100 mL) was added and the solution was extracted with ethyl acetate (3 × 75 mL). The organic layer was washed with a saturated $Na_2S_2O_3$ aqueous solution (50 mL) and brine then dried over anhydrous $MgSO_4$, filtered and concentrated in vacuum. The residue was distilled under reduced pressure to afford ethyl-4-iodobutyrate **23** (10.9 g, 90%).

Ethyl-4-iodobutyrate **23**

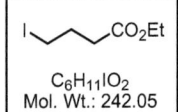

$C_6H_{11}IO_2$
Mol. Wt.: 242.05

Pale yellow liquid; b.p. 40°C/0.4 mmHg. - ^{1}H NMR (250 MHz, $CDCl_3$): δ = 4.13 (q, J = 7, 2H, CH_2O), 3.22 (t, J = 6.7, 2H, CH_2), 2.42 (t, J = 7, 2H, CH_2), 2.10 (qt, J = 7.32, 2H, CH_2), 1.26 (t, J = 7, 3H, CH_3). - ^{13}C NMR (62.9 MHz, $CDCl_3$): δ = 172.3 (C=O), 60.5 (OCH_2), 34.8 (CH_2), 28.4 (CH_2), 14.1 (CH_3), 5.4(CH_2).

A suspension of a zinc dust (1.7 g, 26 mmol, 1.5 eq.) was weighed into 50 mL two-necked round-bottom flask, which was repeatedly evacuated (with heating using a hot air gun) and flushed with nitrogen. Dry THF (2 mL) and 1,2-dibromoethane (190 mg, 1 mmol) were added and the resultant mixture was stirred for 1 min at 65°C and cooled to room temperature. At this stage, trimethylsilylchloride (0.1 mL, 0.8 mmol) was added. The mixture was stirred for 15 min at room temperature, then a solution of the iodide **23** (4.19 g, 17.33 mmol) in THF (7 mL) was slowly added at 30°C. After the end of the addition, the reaction mixture was stirred 18 hours at 40°C. TLC analysis showed complete consumption of the iodide. The solution was cooled and allowed to stand for 3 hours to allow the excess zinc to settle from the reaction mixture. The top solution was then transferred carefully *via* cannula to another two-necked flask under nitrogen atmosphere and cooled to −20°C. A solution prepared by dissolving CuCN (1.6 g, 17.6 mmol) and vacuum-dried LiCl (1.65 g, 38.7 mmol) in THF (15 mL) was rapidly added at -10°C. The reaction mixture was gradually warmed to 0°C and stirred for 30 min before re-cooling to −20°C. A solution of glutarate **6a** (2.51g, 10mmol) and $BF_3.OEt_2$ (3.16 mL, 25 mmol) in pentane (10 mL) was slowly added during three hours and the reaction mixture was warmed to room temperature and stirred for 24 hours. The solution was quenched at 0°C with saturated NH₄Cl aqueous solution (20 mL) and extracted with diethyl ether (3 × 20 mL). The combined organic layers were dried over anhydrous MgSO₄, filtered and concentrated in vacuo. The residue was purified on silica gel column chromatography to afford triester **24** (1.86g, 65%) as a colorless oil.

(*E*)-4-Methoxycarbonyl-non-4-enedioic acid 9-ethyl ester 1-methyl ester **24**

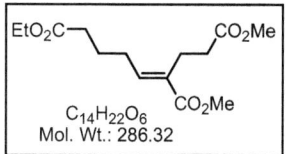

$C_{14}H_{22}O_6$
Mol. Wt.: 286.32

Colorless oil; R_f = 0.58 (Petroleum ether/Ethyl acetate, 7:3). - ¹H NMR (250 MHz, CDCl₃): δ = 6.74 (t, *J* = 7.6, 1H, CH), 4.13 (q, *J* = 7.3, 2H, CH₂O), 3.69 (s, 3H, OCH₃), 3.62 (s, 3H, OCH₃), 2.57 (m, 2H, CH₂), 2.39 (m, 2H, CH₂), 2.29-2.22 (m, 4H, 2CH₂), 1.77 (qt, *J* = 7.3, 2H, CH₂), 1.21 (t, *J* = 7.6, 3H, CH₃). - ¹³C NMR (62.9 MHz, CDCl₃): δ = 173.2 (C=O), 172.9 (C=O), 167.5 (C=O), 142.9 (CH), 130.9 (C), 60.3 (OCH₂), 51.7 (OCH₃), 51.5 (OCH₃), 33.5 (CH₂), 33.2 (CH₂), 27.7 (CH₂), 23.9 (CH₂), 22.2 (CH₂), 14.1 (CH₃).

Synthesis of β-aminoester 25

To a solution of commercially (*R*)-(+)-*N*-benzyl-*N*-α-methylbenzylamine (552 mg, 2.56 mmol) in THF (2.5 mL) at −78°C, was slowly added n-butyllithium (1.6M in hexane, 2.3 mmol) the resultant pink solution of lithium (*R*)-(+)-*N*-benzyl-*N*-α-methylbenzylamide was stirred for 30 min at 0°C and then cooled to −78°C. A toluene solution of dimethyl zinc (1M, 2.4 mmol) was slowly added and the reaction was warmed to stir 30 min at −30°C then cooled to −78°C. A freshly distilled methyl crotonate (0.213 mL, 2 mmol) in THF (2 mL) was added and the reaction mixture was stirred for 2 hours then quenched at −30°C with saturated NH₄Cl aqueous solution (15 mL) and extracted with diethyl ether (4 × 20 mL). The combined organic layers were dried over anhydrous MgSO₄, filtered and concentrated in vacuo. The residue was purified on silica gel column chromatography to afford the β-aminoester **25** (323 mg, 52%) as a colorless liquid.

3-[Benzyl-(1-phenylethyl)-amino] butyric acid methyl ester **25**

Colorless liquid; R_f = 0.44 (Pentane/Ether, 9:1). - ^{1}H NMR (250 MHz, CDCl$_3$): δ = 7.33-7.30 (m, 10H, aromatic H), 3.91 (q, J = 7.0, 1H, CH), 3.71 (s, 2H, CH_2Ph), 3.51 (s, 3H, OCH$_3$), 3.43 (q, J = 6.7, 1H, CH), 2.40 (dd, J = 14.03, 6.4, 1H, CH_AH$_B$), 2.14 (dd, J = 14.03, 7.6, 1H, CH$_A$$H_B$), 1.35 (d, J = 6.7, 3H, CH$_3$), 1.15 (d, J = 7.0, 3H, CH$_3$). - ^{13}C NMR (62.9 MHz, CDCl$_3$): δ = 172.8 (C=O), 144.2 (aromatic C), 141.6 (aromatic C), 128.8 (aromatic CH), 128.5 (aromatic CH), 128.4 (aromatic CH), 128.1 (aromatic CH), 127.1 (aromatic CH), 127.0 (aromatic CH), 57.9 (OCH$_3$), 51.8 (CH), 50.3 (CH), 49.9 (CH$_2$), 40.1 (CH$_2$), 18.9 (CH$_3$), 17.9 (CH$_3$).

C$_{20}$H$_{25}$NO$_2$
Mol. Wt.: 311.42

Synthesis of β-silylesters 26(a-d)

Dimethyl(phenyl)silyllithium : Dimethylphenylchlorosilane[*] (5 mL), lithium granular (1 g, 0.144 mol) and anhydrous tetrahydrofuran (30 mL) were stirred, under nitrogen, at –10°C for 12 hours. The resulting red solution was titrated. An aliquot was diluted in water, and the alkaline solution was titrated by standard hydrochloric acid (0.1 N).

The silyl cuprate reagent : A solution of dimethyl(phenyl)silyllithium in dry THF (10 mmol) was added slowly to copper (I) cyanide (447 mg, 5 mmol) in THF (3 mL) at –23°C under nitrogen atmosphere. Then the mixture was stirred at 0°C for further 1 hour. It was used immediately.

General procedure

Typically, the α,β-unsaturated ester **7–E** (3 mmol) in THF (3 mL) was added slowly to a stirred solution of the silyl cuprate reagent (3.6 mmol based on CuCN) under nitrogen atmosphere at –23°C and the mixture was stirred for 3 hours. It was then warmed to 0°C and stirred for further few hours until starting materials had been consumed (TLC). The reaction was quenched by addition of an aqueous saturated solution of NH$_4$Cl (10 mL) then extracted

---

(*) PhMe$_2$SiCl was prepared on 80-120g scale from bromobenzene and Me$_2$SiCl$_2$ b.p. 78-82°C/10mmHg.- Andrianov, K. A.; Delazari, N. V. *Doklady Akad. Nauk. SSSR* **1958**, *122*, 393 (*Chem. Abst.* **1959**, *53*, 2133). It is also commercially available from Aldrich (N°11,337-9).

with ether (3 x 10 mL). The organic layers were washed with brine, dried over MgSO$_4$ and evaporated under reduced pressure. The residue was chromatographed on silica gel affording the β-silylester **26(a-d)** as a mixture of two diastereomers.

Spectral data of the major diastereomer of β-silylesters 26(a-d)

2-[1-Dimethyl(phenyl)silyl ethyl] pentanedioic acid dimethyl ester **26a**

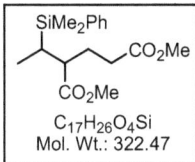

Colorless oil, R$_f$ = 0.54 (Pentane/Ether 4:1). - IR (film) : ν = 1732 cm^{-1} (C=O), 1729 (C=O), 1436 (Ph), 1252 (SiMe$_2$), 1112 (SiPh); ^{1}H NMR (300 MHz, CDCl$_3$): δ = 7.48 (m, 2H, aromatic H), 7.34 (m, 3H, aromatic H), 3.62 (s, 3H, OCH$_3$), 3.56 (s, 3H, OCH$_3$), 2.46 (m, 1H, CH), 2.21 (m, 2H, CH$_2$), 1.98-1.76 (2m, 2H, CH$_2$), 1.25 (q, J = 7.53, 1H, CHSi), 0.98 (d, J = 7.53, 3H, CH$_3$), 0.33 (s, 3H, SiCH$_3$), 0.30 (s, 3H, SiCH$_3$). - ^{13}C NMR (75 MHz, CDCl$_3$): δ = 175.6 (C=O), 173.4 (C=O), 138.0 (aromatic C), 133.8 (aromatic CH), 129.4 (aromatic CH), 128.1 (aromatic CH), 51.9 (OCH$_3$), 51.5 (OCH$_3$), 46.7 (CH), 32.6 (CH$_2$), 27.3 (CH$_2$), 23.5 (CH$_3$), 12.3 (CHSi), -4.1 (Si(CH$_3$)$_2$).

2-[1-Dimethyl(phenyl)silyl-2-methyl propyl] pentanedioic acid dimethyl ester **26b**

Yellow oil, R$_f$ = 0.44 (Pentane/Ether 9:1). - IR (film) : ν = 1738 cm^{-1} (C=O), 1735 (C=O), 1435 (Ph), 1251 (SiMe$_2$), 1109 (SiPh). - ^{1}H NMR (300 MHz, CDCl$_3$): δ = 7.52 (m, 2H, aromatic H), 7.32 (m, 3H, aromatic H), 3.65 (s, 3H, OCH$_3$), 3.58 (s, 3H, OCH$_3$), 2.56 (m, 1H, CH), 2.33 (m, 2H, CH$_2$), 2.12 (m, 1H, CH), 2.10-1.74 (2m, 2H, CH$_2$), 1.42 (m, 1H, CHSi), 0.92 (d, J = 6.7, 3H, CH$_3$), 0.83 (d, J = 6.8, 3H, CH$_3$), 0.42 (s, 3H, SiCH$_3$), 0.41 (s, 3H, SiCH$_3$). - ^{13}C NMR (75 MHz, CDCl$_3$): δ = 176.7 (C=O), 173.4 (C=O), 140.1 (aromatic C), 133.6 (aromatic CH), 128.6 (aromatic CH), 127.6 (aromatic CH), 51.4 (OCH$_3$), 51.3 (OCH$_3$), 43.8 (CH), 37.1 (CH), 32.7 (CH$_2$), 28.5 (CHSi), 27.7 (CH$_2$), 23.8 (CH$_3$), 22.0 (CH$_3$), -1.1 (SiCH$_3$), -1.3 (SiCH$_3$).

2-[1-(Dimethyl(phenyl)silyl)-2-phenylethyl] pentanedioic acid dimethyl ester **26c**

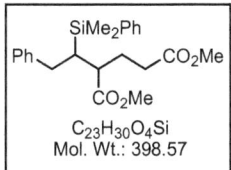

Colorless oil, R$_f$ = 0.42 (Pentane/Ether 9:1). - IR (film) : ν = 1731 cm^{-1} (C=O), 1724 (C=O), 1602 (Ph), 1494 (Ph), 1250 (SiMe$_2$), 1111 (SiPh). - ^{1}H NMR (250 MHz, CDCl$_3$): δ = 7.52–

7.11 (3m, 10H, aromatic H), 3.62 (s, 3H, OCH$_3$), 3.49 (s, 3H, OCH$_3$), 2.83 (m, 1H, CH), 2.69 (m, 2H, CH$_2$), 2.45 (m, 2H, CH$_2$), 2.10 (m, 2H, CH$_2$), 1.87 (m, 1H, CHSi), 0.35 (s, 3H, SiCH$_3$), 0.31 (s, 3H, SiCH$_3$). - ^{13}C NMR (62.9 MHz, CDCl$_3$): δ = 175.3 (C=O), 173.6 (C=O), 141.5 (aromatic C), 138.2 (aromatic C), 133.9 (aromatic CH), 129.0 (aromatic CH), 128.3 (aromatic CH), 128.1 (aromatic CH), 127.8 (aromatic CH), 126.0 (aromatic CH), 51.5 (OCH$_3$), 51.3 (OCH$_3$), 44.3 (CH), 33.7 (CH$_2$), 32.8 (CH$_2$), 31.2 (CHSi), 25.1 (CH$_2$), -3.0 (SiCH$_3$), -3.5 (SiCH$_3$). - MS (EI, 70 eV); m/z (%) : 398 (M$^+$, 1), 367 (4), 321 (16), 307 (33), 135 (100), 91 (26). – HRMS C$_{23}$H$_{30}$O$_4$Si calcd. 398.1913 found:398.1788.

2-[1-Dimethyl(phenyl)silyl-2,2-dimethyl-propyl]-pentanedioic acid dimethyl ester **26d**

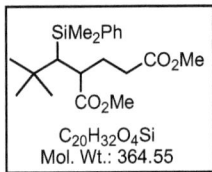

Yellow oil, R$_f$ = 0.38 (Pentane/AcOEt 9:1). - IR (film) : ν = 1739 cm^{-1} (C=O), 1731 (C=O), 1435 (Ph), 1251 (SiMe$_2$), 1106 (SiPh).- ^{1}H NMR (250 MHz, CDCl$_3$): δ = 7.55 (m, 2H, aromatic H), 7.32 (m, 3H, aromatic H), 3.67 (s, 3H, OCH$_3$), 3.65 (s, 3H, OCH$_3$), 2.68 (m, 1H, CH), 2.43 (m, 2H, CH$_2$), 2.31 – 1.81 (2m, 2H, CH$_2$), 1.39 (d, J = 1.52, 1H, CHSi), 0.90 (s, 9H, (CH$_3$)$_3$), 0.59 (s, 3H, SiCH$_3$), 0.41 (s, 3H, SiCH$_3$). - ^{13}C NMR (62.9 MHz, CDCl$_3$): δ = 176.9 (C=O), 173.4 (C=O), 142.9 (aromatic C), 133.7 (aromatic CH), 128.1 (aromatic CH), 127.5 (aromatic CH), 51.5 (OCH$_3$), 50.9 (OCH$_3$), 44.6 (CH), 42.3 (C), 35.4 (CH$_2$), 33.2 (CHSi), 31.3 ((CH$_3$)$_3$), 28.5 (CH$_2$), 1.94 (SiCH$_3$), 0.29 (SiCH$_3$).

Synthesis of esters 28

Typically, to a stirred solution of ester-alcohol (10 mmol) in DMF (50 mL) at 0°C, imidazole (2.06 g, 30mmol, 3 eq.) and *tert*-butyldimethylsilylchloride (2.26 g, 15 mmol, 1.5 eq.) were added and the whole mixture was stirred for 2 hours at room temperature. The reaction mixture was diluted with a saturated solution of NaCl (50 mL) and extracted with ethyl acetate (2 × 50 mL). The organic layer was dried over anhydrous MgSO$_4$ and concentrated in vacuo. A flash chromatography on silica gel affords the protected alcohol **27** as a colorless liquid.

2-(*tert*-Butyldimethylsilyloxymethyl) acrylic acid ethyl ester **27a**

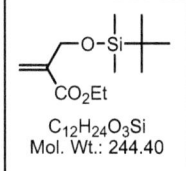
C$_{12}$H$_{24}$O$_3$Si
Mol. Wt.: 244.40

Colorless liquid; R$_f$ = 0.54 (Pentane/Ether 9:1). - ^{1}H NMR (200 MHz, CDCl$_3$): δ = 6.23 (d, *J* = 1.9, 1H, =C*H*H), 5.88 (d, *J* = 2.2, 1H, =CH*H*), 4.34 (t, *J* = 2.2, 2H, CH$_2$OSi), 4.20 (q, *J* = 7.1, 2H, OCH$_2$), 1.27 (t, *J* = 7.1, 3H, CH$_3$), 0.90 (s, 9H, (CH$_3$)$_3$), 0.06 (s, 6H, Si(CH$_3$)$_2$). - ^{13}C NMR (62.9 MHz, CDCl$_3$): δ = 165.9 (C=O), 139.8 (C), 123.5 (=CH$_2$), 61.4 (OCH$_2$), 60.4 (OCH$_2$), 25.8 ((CH$_3$)$_3$), 18.3 (C), 14.2 (CH$_3$), -5.4 (Si(CH$_3$)$_2$).

(*E*)-2-(*tert*-Butyldimethylsilyloxymethyl) but-2-enoic acid methyl ester **27b**

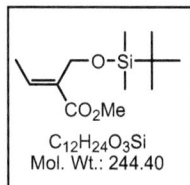
C$_{12}$H$_{24}$O$_3$Si
Mol. Wt.: 244.40

Colorless liquid; R$_f$ = 0.65 (Pentane/Ether 95:5). - ^{1}H NMR (250 MHz, CDCl$_3$): δ = 6.94 (q, *J* = 7.0, 1H, =CH), 4.39 (s, 2H, CH$_2$OSi), 3.72 (s, 3H, OCH$_3$), 1.90 (d, *J* = 7.0, 3H, CH$_3$), 0.87 (s, 9H, (CH$_3$)$_3$), 0.06 (s, 6H, Si(CH$_3$)$_2$). - ^{13}C NMR (62.9 MHz, CDCl$_3$): δ = 167.6 (C=O), 141.3 (CH), 132.4 (C), 56.8 (OCH$_3$), 51.5 (OCH$_2$), 25.8 ((CH$_3$)$_3$), 18.3 (C), 14.3 (CH$_3$), -5.3 (Si(CH$_3$)$_2$).

Silylcupration of **27(a-b)** was carried out as described in the general procedure with **26(a-d)**. However in the case of **27a** the α,β-unsaturated ester (3 mmol) was added with TMSCl (3 eq.) in solution in THF and the reaction mixture was stirred for one hour at -78°C then quenched.

Spectral data of β-silylesters 28(a-b)

2-(*tert*-Butyldimethylsilyloxymethyl)-3-(dimethyl(phenyl)silyl) propinoic acid ethyl ester **28a**

PhMe$_2$Si, —O-Si—, CO$_2$Et
C$_{20}$H$_{36}$O$_3$Si$_2$
Mol. Wt.: 380.67

Colorless liquid; R$_f$ = 0.61 (Pentane/Ether 95:5). - ^{1}H NMR (250 MHz, CDCl$_3$): δ = 7.47-7.33 (m, 5H, aromatic H), 4.13 (q, *J* = 7.2, 2H, CH$_2$O), 3.62 (m, 2H, CH$_2$O), 2.53 (m, 1H, CH), 1.35 (m, 1H, C*H*H), 1.24 (t, *J* = 7.2, 3H, CH$_3$), 1.21 (m, 1H, CH*H*), 0.86 (s, 9H, (CH$_3$)$_3$), 0.51 (s, 6H, Si(CH$_3$)$_2$), 0.11 (s, 6H, Si(CH$_3$)$_2$). - ^{13}C NMR (62.9 MHz, CDCl$_3$): δ = 177.3 (C=O), 138.6 (aromatic C), 133.5 (aromatic CH), 128.8 (aromatic CH), 127.3 (aromatic CH), 61.5 (CH$_2$O), 60.0 (CH$_2$O), 37.0 (CH), 25.8 (SiCH$_2$), 23.0 ((CH$_3$)$_3$), 16.8 (C),13.9 (CH$_3$), -2.7 (Si(CH$_3$)$_2$), -4.4 (Si(CH$_3$)$_2$).

2-(*tert*-Butyldimethylsilyloxymethyl)-3-(dimethyl(phenyl)silyl) butyric acid methyl ester
28b

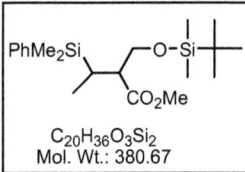

Colorless oil; R_f = 0.65 (Pentane/Ether 95:5). - ^{1}H NMR (250 MHz, CDCl$_3$): δ = 7.48-7.34 (m, 5H, aromatic H), 3.63 (s, 3H, OCH$_3$), 3.42-3.33 (m, 2H, CH$_2$O), 2.58 (m, 1H, CH), 1.59 (m, 1H, CHSi), 1.21 (d, J = 7.3, 3H, CH$_3$), 0.96 (s, 9H, (CH$_3$)$_3$), 0.31 (Si(CH$_3$)$_2$), 0.10 (Si(CH$_3$)$_2$). - ^{13}C NMR (62.9 MHz, CDCl$_3$): δ = 175.7 (C=O), 140.8 (aromatic C), 138.1 (aromatic CH), 133.3 (aromatic CH), 127.1 (aromatic CH), 61.3 (CH$_2$O), 56.3 (OCH$_3$), 50.3 (CH), 25.8 ((CH$_3$)$_3$), 18.5 (C), 11.9 (CHSi), 11.2 (CH$_3$), -3.5 (Si(CH$_3$)$_2$), -4.4 (Si(CH$_3$)$_2$).

Synthesis of β-silylester 29

The silyl cuprate reagent (1.1 eq., theoretical) was prepared as described in the general procedure with β-silylesters **26**. A mixture of dimethyl-2-methylene glutarate **4a** (516 mg, 3 mmol) and trimethylsilylchloride (1.17 mL, 9 mmol, 3 eq.), in solution in dry THF (5 mL), was slowly added to silyl cuprate reagent at −78°C under nitrogen atmosphere. The reaction mixture was warmed to stir one hour at −23°C, then quenched by addition of an aqueous saturated solution of NH$_4$Cl then extracted with ether. The combined organic layers were washed with brine, dried over anhydrous MgSO$_4$ and concentrated in vacuo. The residue was purified by flash chromatography on silica gel to afford β-silylester **29** (888mg, 96%) as a colorless oil.

2-[1-Dimethyl(phenyl)silyl methyl] pentanedioic acid dimethyl ester **29**

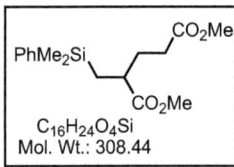

Colorless oil; R_f = 0.35 (Petroleum ether/Ethyl acetate, 95:5). - IR (film) : ν = 1735 cm^{-1} (C=O), 1733 (C=O), 1436 (Ph), 1250 (SiMe$_2$), 1113 (SiPh). - ^{1}H NMR (300 MHz, CDCl$_3$): δ = 7.47 (m, 2H, aromatic H), 7.34 (m, 3H, aromatic H), 3.63 (s, 3H, OCH$_3$), 3.49 (s, 3H, OCH$_3$), 2.49 (m, 1H, CH), 2.25 (td, J = 7.6, 2.4, 2H, CH$_2$), 1.91-1.78 (m, 2H, CH$_2$), 1.23 (dAB, J = 14.6, 9.4, CH_AH$_B$Si), 0.94 (dAB, J = 14.6, 5.3, CH$_A$$H_B$Si), 0.29 (s, 6H, Si(CH$_3$)$_2$). - ^{13}C NMR (62.9 MHz, CDCl$_3$): δ = 176.3 (C=O), 173.2 (C=O), 138.3 (aromatic C), 133.5 (aromatic CH), 128.9 (aromatic CH),

127.7 (aromatic CH), 51.5 (OCH$_3$), 51.3 (OCH$_3$), 40.3 (CH), 31.5 (CH$_2$), 30.5 (CH$_2$), 19.1 (CH$_2$Si), -2.8 (Si(CH$_3$)$_2$). - MS (EI, 70 eV); m/z (%) : 308 (M$^+$, 1), 293 (44), 277 (7), 231 (37), 151 (49), 135 (100), 91 (12).

One pot synthesis of δ-lactones 30(a-d)

General procedure

Mercuric acetate (476 mg, 1.5 mmol) was added to a stirred solution of the β-silylester **26** (1 mmol) in peracetic acid (10 mL of a 39 % solution in acetic acid). The reaction mixture was stirred for 2 hours at room temperature. Then 2 drops of pure H$_2$SO$_4$ was added, and the reaction mixture stirred for further 24 hours. Ether (100 mL) was added and the solution was cooled to 0°C and washed with a sodium thiosulfate solution (30 mL), water (30 mL), a sodium hydrogen carbonate solution (30 mL) and brine, dried over MgSO$_4$ and the solvents were evaporated in vacuum. The resulting oil was chromatographed on silica gel to give the pure δ-lactones **30(a-d)** as a mixture of two diastereomers.

Spectral data of the major diastereomer of δ-lactones 30(a-d)

2-Methyl-6-oxo-tetrahydropyran-3-carboxylic acid methyl ester **30a**

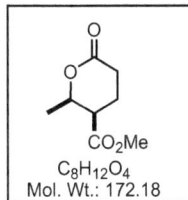
CO$_2$Me
C$_8$H$_{12}$O$_4$
Mol. Wt.: 172.18

Yellow liquid, R$_f$ = 0.42 (Pent/AcOEt 3:2). - IR (film): ν = 1735 cm^{-1} (C=O), 1733 (C=O). - ^{1}H NMR (300 MHz, CDCl$_3$): δ = 4.58 (dq, J = 9.8, 6.4, 1H, CH), 3.73 (s, 3H, OCH$_3$), 2.65 (m, 1H, CH), 2.55 (m, 2H, CH$_2$), 2.13 (m, 2H, CH$_2$), 1.39 (d, J = 6.4, 3H, CH$_3$). - ^{13}C NMR (75 MHz, CDCl$_3$): δ = 172.8 (C=O), 170.6 (C=O), 70.3 (CH), 52.3 (OCH$_3$), 45.4 (CH), 28.1 (CH$_2$), 22.6 (CH$_2$), 20.4 (CH$_3$). MS (CI, NH$_3$); m/z (%): 173 (M+1)$^+$ (100), 159 (19), 155 (64), 141 (62). HRMS [M+Na] C$_8$H$_{12}$O$_4$Na: calcd. 195.1017; found: 195.1037.

2-Isopropyl-6-oxo-tetrahydropyran-3-carboxylic acid methyl ester **30b**

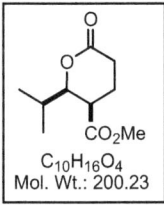
CO$_2$Me
C$_{10}$H$_{16}$O$_4$
Mol. Wt.: 200.23

Major: Yellow oil, R$_f$ = 0.34 (Pent/AcOEt 7:3). - IR (film) : ν = 1733 cm^{-1} (C=O), 1731 (C=O). - ^{1}H NMR (300 MHz, CDCl$_3$): δ = 4.39 (dd, J = 9.8, 9.4, 1H, CH), 3.72 (s, 3H, OCH$_3$), 2.77 (m, 1H, CH), 2.64 (m, 1H, CHH), 2.46 (m, 1H, CHH), 2.10 (m, 2H, CH$_2$), 1.84 (m, 1H, CH),

1.02 (d, J = 7.2, 3H, CH$_3$), 0.95 (d, J = 6.8, 3H, CH$_3$). - ^{13}C NMR (75 MHz, CDCl$_3$): δ = 173.0 (C=O), 171.1 (C=O), 84.1 (CH), 52.3 (OCH$_3$), 41.2 (CH), 31.3 (CH), 28.2 (CH$_2$), 22.8 (CH$_2$), 19.0 (CH$_3$), 15.5 (CH$_3$). MS (CI, NH$_3$); m/z (%) : 201 (M+1)$^+$ (100), 191 (22), 183 (33), 176 (45), 169 (52), 154 (66), 141 (69). HRMS [M+Na] C$_{10}$H$_{16}$O$_4$Na: calcd. 223.0912; found: 223.0925.

2-Isopropyl-6-oxo-tetrahydropyran-3-carboxylic acid methyl ester **30b**

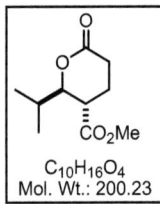

C$_{10}$H$_{16}$O$_4$
Mol. Wt.: 200.23

Minor: Colorless oil, R$_f$ = 0.23 (Pent/AcOEt 7:3). - IR (film) : ν = 1733 cm^{-1} (C=O), 1731 (C=O). - ^{1}H NMR (300 MHz, CDCl$_3$): δ = 3.90 (dd, J = 9.9, 9.8, 1H, CH), 3.71 (s, 3H, OCH$_3$), 3.03 (m, 1H, CH), 2.74 (m, 1H, C*H*H), 2.58 (m, 1H, CH*H*), 2.19-2.07 (m, 2H, CH$_2$), 1.92 (m, 1H, CH), 1.09 (d, J = 6.4, 3H, CH$_3$), 0.98 (d, J = 6.8, 3H, CH$_3$). - ^{13}C NMR (75 MHz, CDCl$_3$): δ = 176.7 (C=O), 171.2 (C=O), 85.1 (CH), 52.0 (OCH$_3$), 39.1 (CH), 30.1 (CH), 26.6 (CH$_2$), 21.7 (CH$_2$), 19.5 (CH$_3$), 18.5 (CH$_3$).

2-Benzyl-6-oxo-tetrahydropyran-3-carboxylic acid methyl ester **30c**

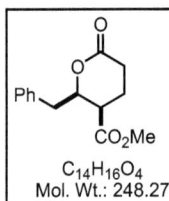

C$_{14}$H$_{16}$O$_4$
Mol. Wt.: 248.27

Colorless oil, R$_f$ = 0.44 (Pent/AcOEt 3:2). - IR (film) : ν = 1731 cm^{-1} (C=O), 1728 (C=O). - ^{1}H NMR (250 MHz, CDCl$_3$): δ = 7.28 – 7.25 (m, 5H, aromatic H), 4.82 (dt, J = 9.5, 5.2, 1H, CH), 3.69 (s, 3H, OCH$_3$), 3.01 (dd, J = 5.2, 3.3, 2H, C*H*$_2$Ph), 2.60 (m, 1H, CH), 2.56 (m, 1H, C*H*H), 2.43 (m, 1H, CH*H*), 2.07 (m, 2H, CH$_2$). - ^{13}C NMR (62.9 MHz, CDCl$_3$): δ = 171.5 (C=O), 170.4 (C=O), 136.2 (aromatic C), 129.9 (aromatic CH), 128.5 (aromatic CH), 127.0 (aromatic CH), 80.2 (CH), 52.4 (OCH$_3$), 42.4 (CH), 40.4 (CH$_2$), 28.3 (CH$_2$), 22.6 (CH$_2$). MS (CI, NH$_3$); m/z (%) : 249 (M+1)$^+$ (100), 217 (45), 189 (74), 171 (26), 91 (56). HRMS [M+Na] C$_{14}$H$_{16}$O$_4$Na: calcd. 271.0955; found: 271.0946.

2-*tert*-Butyl-6-oxo-tetrahydropyran-3-carboxylic acid methyl ester **30d**

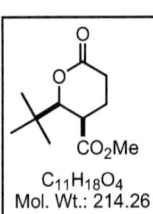

C$_{11}$H$_{18}$O$_4$
Mol. Wt.: 214.26

Colorless solid m.p. = 69°C, R$_f$ = 0.49 (Pent/AcOEt 7:3). - IR (film) : ν = 1736 cm^{-1} (C=O), 1732 (C=O). - ^{1}H NMR (250 MHz, CDCl$_3$): δ = 3.96 (d, J = 2.4, 1H, CH), 3.65 (s, 3H, OCH$_3$), 2.97 (m, 1H, CH), 2.73 (m, 1H, C*H*H), 2.58 (m, H, CH*H*), 2.07 (m, 2H, CH$_2$), 0.97 (s, 9H, (CH$_3$)$_3$). - ^{13}C NMR (62.9 MHz, CDCl$_3$): δ = 173.1 (C=O), 171.4

(C=O), 87.0 (CH), 51.9 (OCH$_3$), 37.0 (CH), 34.5 (C), 26.3 (CH$_2$), 25.8 ((CH$_3$)$_3$), 23.3 (CH$_2$). MS (CI, NH$_3$); *m/z* (%) : 215 (M+1)$^+$ (100), 183 (26), 165 (33), 155 (25), 137 (31). HRMS [M+Na] C$_{11}$H$_{18}$O$_4$Na: calcd. 237.1125; found: 237.1136.

Silylzincation

Silyl zincate reagent: To a solution of dimethyl(phenyl)silyllitium in THF (2.2mmol) was added at –78°C under nitrogen atmosphere a 1M solution of ZnCl$_2$ in Et$_2$O (2.2 mL, 2.2 mmol), and the temperature was raised to 0°C, while the colour of the solution changed from dark brown to yellow. The solution was then cooled to –23°C and allowed to stand for 1 hour to allow the LiCl salt to settle from the reaction mixture.

Synthesis of β-silylester 31 and β-silylketons 32 and 33

General procedure: Typically, a solution of Cu(OTf)$_2$ (11.25 mg, 3 mol%) and PBu$_3$ (15.9 mg, 6 mol%) in anhydrous toluene (3 mL) was stirred for 30 min at room temperature then the colorless solution was cooled to 0°C. A freshly distilled methyl crotonate (0.1 mL, 1mmol) diluted in THF (1 mL) was added and the mixture was stirred for 1 hour at room temperature then re-cooled to -78°C. The top solution of the silyl zincate reagent was added carefully *via* syringe and the reaction mixture was stirred for 1 hour at –78°C then quenched with a saturated solution of NH$_4$Cl (10 mL) then extracted with ether (3 x 10 mL). The organic layers were washed with brine, dried over MgSO$_4$ and evaporated under reduced pressure. The residue was chromatographed on silica gel to afford β-silylester **31** (184 mg, 78%) as a colorless liquid.

3-(Dimethyl(phenyl)silyl) butyric acid methyl ester **31**

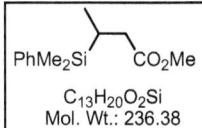

Colorless liquid; R$_f$ = 0.54 (Pentane/Ether 4:1). - IR (film) : ν = 1730 cm^{-1} (C=O), 1433 (Ph), 1251 (SiMe$_2$), 1109 (SiPh). - ^{1}H NMR (250 MHz, CDCl$_3$): δ = 7.53 (m, 2H, aromatic H), 7.38 (m, 3H, aromatic H), 3.62 (s, 3H, OCH$_3$), 2.43 (dd, *J* = 14.9, 4.3, 1H, C*H*$_A$H$_B$), 2.09 (dd, *J* = 14.9, 10.4, 1H, CH$_A$*H*$_B$), 1.48 (m, 1H, CHSi), 1.01 (d, *J* = 7.3, 3H, CH$_3$), 0.32 (s, 6H, Si(CH$_3$)$_2$). - ^{13}C NMR (62.9 MHz, CDCl$_3$): δ = 174.3 (C=O), 137.1

(aromatic C), 133.8 (aromatic CH), 129.0 (aromatic CH), 127.1 (aromatic CH), 51.3 (OCH$_3$), 36.6 (CH$_2$), 16.4 (CH$_3$), 14.5 (CH), -5.0 (CH$_3$Si), -5.4 (CH$_3$Si).

3-(Dimethyl(phenyl)silyl)-1,3-diphenyl propan-1-one **32**

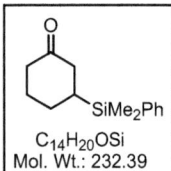

PhMe$_2$Si, Ph, Ph, O
C$_{23}$H$_{24}$OSi
Mol. Wt.: 344.52

White solid; R$_f$ = 0.48 (Petroleum ether/Ethyl acetate, 95:5). - ^{1}H NMR (300 MHz, CDCl$_3$): δ = 7.83-6.69 (3m, 15H, aromatic H), 3.49 (dd, J = 16.9, 10.2, 1H, CH_AH$_B$), 3.23 (dd, J = 16.9, 4.2, 1H, CH$_A$$H_B$), 3.12 (dd, J = 10.1, 9.8, 1H, CHSi), 0.3. (s, 3H, CH$_3$Si), 0.23 (s, 3H, CH$_3$Si). - ^{13}C NMR (75.5 MHz, CDCl$_3$): δ = 199.0 (C=O), 142.3 – 124.7 (aromatic C/CH), 38.9 (CH$_2$), 31.0 (CH), -3.8 (CH$_3$Si), -5.2 (CH$_3$Si).- ^{29}Si NMR (59.6 MHz, CDCl$_3$): δ = -0.6.

3-(Dimethyl(phenyl)silyl) cyclohexanone **33**

O, SiMe$_2$Ph
C$_{14}$H$_{20}$OSi
Mol. Wt.: 232.39

Pale yellow liquid; R$_f$ = 0.52 (Petroleum ether/Ethyl acetate, 4:1). - IR (film) : ν = 1708 cm^{-1} (C=O), 908 (Ph), 733 (Ph). - ^{1}H NMR (300 MHz, CDCl$_3$): δ = 7.46 (m, 2H, aromatic H), 7.36 (m, 3H, aromatic H), 2.33-2.01 (2m, 5H, 2CH$_2$ + CH), 1.78 (m, 2H, CH$_2$), 1.43 (m, 2H, CH$_2$), 0.30 (s, 6H, Si(CH$_3$)$_2$). - ^{13}C NMR (75.5 MHz, CDCl$_3$): δ = 212.6 (C=O), 136.6 (aromatic C), 133.9 (aromatic CH), 129.2 (aromatic CH), 127.8 (aromatic CH), 42.4 (CH$_2$), 41.8 (CH$_2$), 29.7 (CH$_2$), 27.6 (CH), 26.0 (CH$_2$), -5.2 (SiCH$_3$), -5.4 (SiCH$_3$).

Synthesis of disilanes 34 and 35

General procedure

Typically, A three-necked round-bottomed flask fitted with a magnetic stirrer, reflux condenser, pressure-equalizing addition funnel and nitrogen inlet was flamed under a nitrogen stream. 1-Bromo-2,6-dimethylbenzene (4.08 mL, 30mmol, 3 eq.) was placed in the flask and dissolved in ether (30 mL). The resulting solution was stirred and cooled to -5°C, n-butyllithium 1.7M in hexane (17.64 mL), was slowly added and the reaction mixture was warmed to stir at room temperature for 1.5 hour then cooled to –78°C. A freshly distilled dichlorotetramethyldisilane (1.9 mL, 10 mmol) was added neat. After 15 min, the solution was warmed to room temperature during 1 hour, then refluxed for further a 48 hours and cooled to room temperature. The reaction mixture was quenched by addition of an aqueous saturated solution of NH₄Cl then extracted with ether (3 x 30 mL). The organic layers were washed with brine, dried over MgSO₄ and evaporated under reduced pressure. The residue was chromatographed on silica gel to afford the disilane **34** (1.3 g, 40%) as a colorless crystal.

Bis-(2,6-dimethylphenyl) tetramethyldisilane **34**

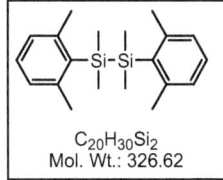

$C_{20}H_{30}Si_2$
Mol. Wt.: 326.62

Colorless crystal; R_f = 0.31 (Pentane 100%). - IR (film) : ν = 1445 cm⁻¹ (Ph), 1255 (SiMe), 1227 (SiMe). - ¹H NMR (300 MHz, CDCl₃): δ = 7.09 (t, *J* = 7.3, 2H, aromatic H), 6.92 (d, *J* = 7.3, 4H, aromatic H), 2.28 (s, 12H, 4CH₃), 0.51 (s, 12H, 2Si(CH₃)₂). - ¹³C NMR (62.9 MHz, CDCl₃): δ = 144.1 (aromatic C), 136.3 (aromatic C), 128.4 (aromatic CH), 127.8 (aromatic CH), 25.0 (4CH₃), 2.8 (2Si(CH₃)₂).

Bis-(2,6-dimethoxyphenyl) tetramethyldisilane **35**

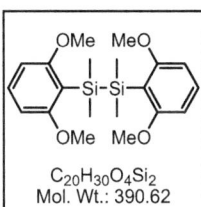

$C_{20}H_{30}O_4Si_2$
Mol. Wt.: 390.62

White crystal m.p. = 73-75°C, R_f = 0.59 (Pent/AcOEt 9:1). - IR (film) : ν = 1585 cm⁻¹ (Ph), 1448 (Ph) 1252 (SiMe). - ¹H NMR (300 MHz, CDCl₃): δ = (t, *J* = 8.3, 2H, aromatic H), 6.37 (d, *J* = 8.3, 4H, aromatic H), 3.54 (s, 12H, 4OCH₃), 0.34 (s, 12H, 2 Si(CH₃)₂). - ¹³C NMR(75.5 MHz, CDCl₃): δ = 164.8 (aromatic C), 130.2 (aromatic CH), 115.0 (aromatic C), 102.7 (aromatic CH), 54.7 (4OCH₃), -1.2 (2Si(CH₃)₂). - ²⁹Si NMR (59.6 MHz, CDCl₃): δ = -23.0. - Anal. Found: C, 61.64; H, 7.75; Si, 14.49; Calcd. for $C_{20}H_{30}O_4Si_2$: C, 61.50; H, 7.74; Si, 14.38.

CHAPITRE IV

DIHYDROXYLATION ET AMINOHYDROXYLATION ASYMETRIQUES DES GLUTARATES α-ALKYLIDENIQUES :

Synthèse énantiosélective des γ-butyrolactones hautement fonctionnalisées

« La vérité est parfaite pour les mathématiques, la chimie, la philosophie, mais pas pour la vie »

H. L. MENCKEN

INTRODUCTION

*D*ans le but de valoriser les diesters α-alkylidéniques de type **7**, nous présentons dans ce chapitre nos résultats relatifs à l'application des réactions de dihydroxylation et amino-hydroxylation asymétriques de Sharpless aux glutarates α-alkylidéniques, avec comme objectif la synthèse de γ-butyrolactones fonctionnelles énantiomériquement enrichies telles que **36** et **40**.

I- DIHYDROXYLATION ASYMETRIQUE DE SHARPLESS

La dihydroxylation asymétrique de Sharpless constitue une des meilleures méthodes de fonctionnalisation des systèmes α,β-insaturés. La performance de la méthode réside dans l'introduction énantiosélective sur une oléfine de deux groupements OH vicinaux en une seule étape.

Cette réaction, permettant la création de deux centres stéréogéniques au sein des molécules organiques, consiste en une oxydation « *syn* » d'une double liaison (activée ou non) catalysée par un complexe de type OsO_4-ligand (Fig. 1.). L'intérêt de la réaction est d'être à la fois générale, énantiosélective et compatible avec un grand nombre de fonctions. En effet, le tétroxyde d'osmium tolère la transformation d'un grand nombre d'oléfines fonctionnelles dans des conditions opératoires douces alors que la diversité des ligands disponibles, permet un accès énantiosélectif au motif 1,2-diol.

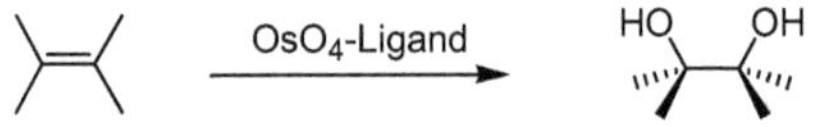

$$\ce{>=<} \xrightarrow{OsO_4\text{-Ligand}} \ce{HO\!\!\!\!\diagdown\!\!\!\!\diagup\!\!\!\!OH}$$

Fig. 1. Résultat de la Dihydroxylation Asymétrique de Sharpless.

II- MECANISME DE LA DIHYDROXYLATION ASYMETRIQUE

La dihydroxylation asymétrique développée par Sharpless est basée sur une observation de CRIEGGEE[1] qui avait noté une accélération de la réaction d'osmylation en présence de pyridine. Les ligands à base de pyridine développés dans un premier temps par Sharpless ont ensuite été abandonnés au profit des dérivés de la quinuclidine, puis d'alcaloïdes de la cinchonine, qui sont les plus utilisés aujourd'hui dans la réaction de dihydroxylation.

II-1- OPTIMISATION DU SYSTEME CATALYTIQUE

Cette réaction catalytique asymétrique a connu un certain nombre d'évolutions au cours de son optimisation. Outre la difficulté de trouver un ligand chiral adapté, il était nécessaire de développer un système permettant la réoxydation de l'osmium (VI) en osmium (VIII) présent en quantité catalytique dans le milieu réactionnel.

Le premier système efficace en terme de rendement et de *"turn-over"*[*], mis au point par SHARPLESS et Coll.,[2] en 1988, utilisait la NMO (*N*-methylmorpholine *N*-oxide) comme réoxydant et des alcaloïdes de type cinchonine comme ligands. Cependant ce système catalytique soufrait de faibles excès énantiomériques par comparaison à ceux obtenus lors de la version stœchiométrique. Ce phénomène est dû à l'apparition, dans ces conditions, d'un cycle catalytique secondaire, en compétition avec le cycle principal,

---

[*] ***Turn-over*** : Nombre de molécules de substrat transformées par le catalyseur par unité de temps.

engageant le glycolate intermédiaire avec une deuxième molécule d'oléfine, formant ainsi le bis-glycolate, et procédant avec une faible énantiosélectivité (Schéma 1).

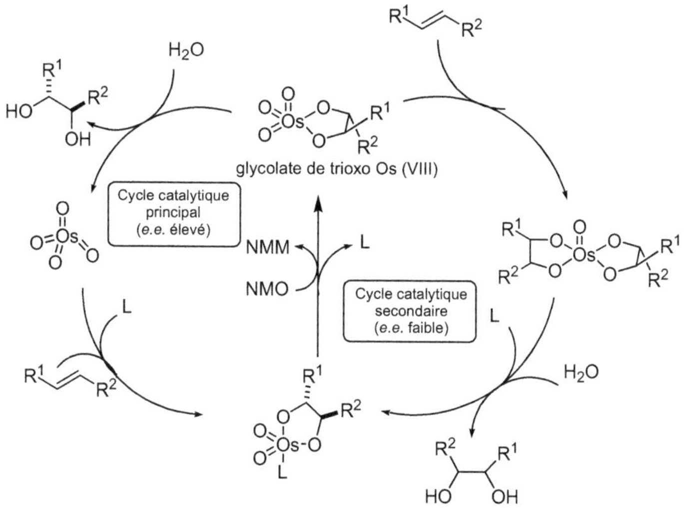

Schéma 1 : Cycle catalytique de la Dihydroxylation Asymétrique en présence de la NMO

Plusieurs études rapportées par l'équipe de Sharpless ont ensuite conduit à une nette amélioration du système catalytique. C'est en 1990 que cette équipe[3] montra pour la première fois que le cycle catalytique secondaire pouvait être éliminé en opérant en milieu biphasique et en utilisant le K_3FeCN_6 / K_2CO_3 comme système réoxydant. Dans ces conditions, seul le tétroxyde d'osmium est présent comme oxydant dans la phase organique, ce qui n'était pas le cas lors de l'utilisation de la NMO en phase homogène. En effet, le glycolate d'osmium (VI) se trouvant en phase organique est hydrolysé sans pouvoir être sur-oxydé. Il y a ainsi libération du diol, du ligand et l'osmium (VI) dans la phase aqueuse. L'engagement du glycolate dans un second cycle est par conséquent impossible (Schéma 2).

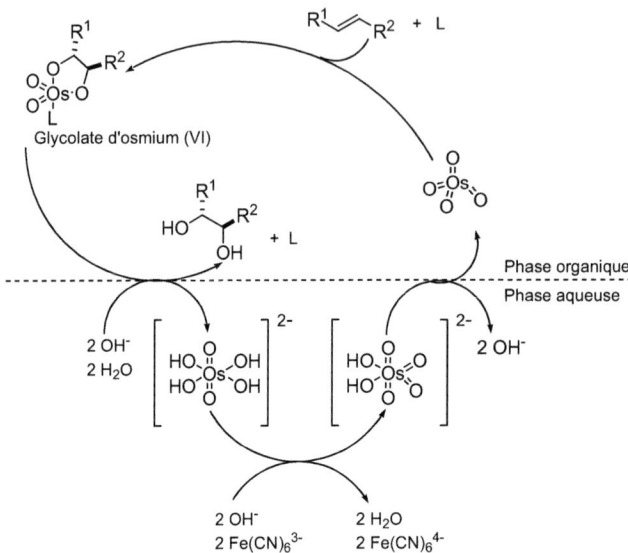

Schéma 2: Cycle catalytique de la Dihydroxylation Asymétrique en milieu biphasique

L'utilisation de $K_2OsO_2(OH)_4$ comme source non volatile de tétroxyde d'osmium (OsO_4) a de plus permis la commercialisation de mélange contenant le ligand, le réoxydant et l'osmium, connus sous le non "AD-mix®". Une autre découverte fut ensuite rapportée par SHARPLESS et Coll.,[4] qui mettaient en évidence l'accélération de l'étape d'hydrolyse du glycolate d'osmium (VI) en présence de méthanesulfonamide. En effet, l'utilisation de cet additif divise par 50 les temps de réaction observés à la température ambiante. Cet accroissement remarquable de la vitesse a permis d'effectuer les dihydroxylations à 0°C, de gagner par suite en sélectivité et d'augmenter les *turn-over*, et ce même pour les oléfines encombrées.

D'autre part, l'utilisation d'une nouvelle classe de ligands chiraux,[4,5] constitués de deux motifs alcaloïdes de type cinchonine reliés par un espaceur hétérocyclique, a rendu possible la dihydroxylation d'une large gamme d'oléfines[6,7] avec de très bon excès énantiomériques. Ces travaux ont enfin abouti à la mise au point des *conditions standards* les plus utilisées actuellement pour la dihydroxylation asymétrique (Fig. 2.).

CHAPITRE IV : Dihydroxylation et Aminohydroxylation Asymétriques

AD-mix ®
- $K_2OsO_2(OH)_4$ (0,2mol%)
- Ligand (1mol%)
- Système réoxydant: $K_3Fe(CN)_6$ (3 équiv.)
- K_2CO_3 (3 équiv.)

- Solvant biphasique : t-BuOH-H_2O 1:1
- $CH_3SO_2NH_2$ (1 équiv.)
- [substrat] = 0,1 M
- T = 0°C

Fig. 2. Conditions standards pour la dihydroxylation asymétrique

Tout récemment, BACKVALL et Coll.,[8] ont décrit un nouveau processus de dihydroxylation asymétrique basé sur l'utilisation de peroxyde d'hydrogène comme réoxydant en présence de trioxorhenium de méthyle (CH_3ReO_3 : MTO) comme co-catalyseur. Le MTO se présente comme un médiateur de transfert d'électrons entre le glycolate et l'oxydant terminal (H_2O_2) impliquant ainsi un triple cycle catalytique (Fig. 3.).

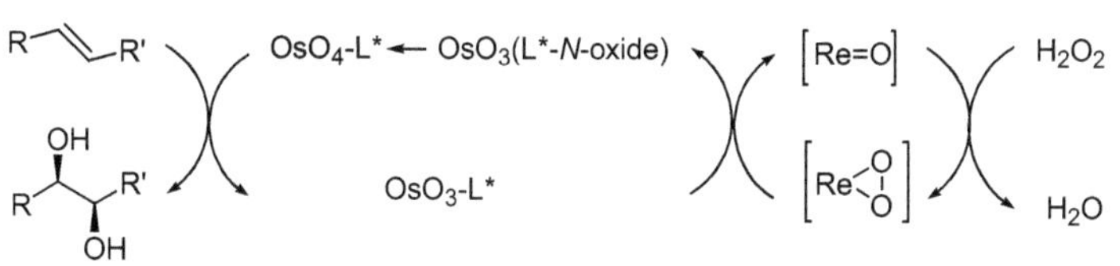

Fig. 3. Cycle catalytique utilisant H_2O_2 comme réoxydant

Ainsi, la dihydroxylation asymétrique des différentes oléfines dans ces nouvelles conditions fournit le diol correspondant avec des excès énantiomériques élevés comparables à ceux rapporté par l'équipe de Sharpless.

II-2-MECANISME

Le mécanisme de la dihydroxylation asymétrique de Sharpless est resté pendant longtemps une question très controversée. Il a été difficile de réaliser un choix définitif entre le mécanisme de formation du glycolate d'osmium (VI) intermédiaire proposé par Sharpless et celui avancé par Corey. Le mécanisme de SHARPLESS[9] peut être décrit comme une addition [2+2] de l'oléfine sur la double liaison Os=O, suivie d'un réarrangement de l'osmaoxétane obtenu en glycolate d'osmium (Schéma 3).

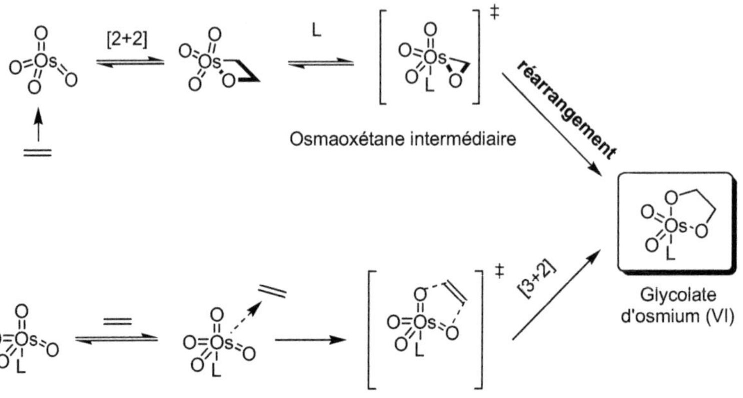

schéma 3

Le mécanisme défendu par COREY[10] consiste en une addition [3+2] de l'oléfine sur le complexe OsO$_4$-ligand, mettant en jeu l'oxygène axial et l'un des oxygènes équatoriaux portés par l'osmium. Le mécanisme proposé par Corey, et reconnu un peu plus tard par SHARPLESS[11], s'appuie sur le calcul des profils énergétiques des deux chemins réactionnels[12] d'une part et sur l'observation des effets isotopiques d'autre part[11].

Quoi qu'il en soit, le mécanisme aboutissant à cet intermédiaire-clé, il restait à expliquer l'origine de l'énantiosélectivité de cette dihydroxylation qui repose sur le phénomène d'accélération par les ligands[13] (*LAE* *). En effet, le processus sans ligand (conduisant au produit sous forme racémique) et le processus catalysé par le ligand, sont en compétition dans le milieu. Si la différence de vitesse entre les deux types de réaction est en faveur du processus catalysé par le ligand, la réaction peut devenir énantiosélective. En ce qui concerne le mode d'action du ligand, Sharpless invoque la formation d'une poche chirale,[14] formée par le complexe Osmium-Ligand, dans laquelle des interactions de type Van der Waals entre le substrat et l'espaceur hétérocyclique (PHAL, PYR, AQN...) sont à l'origine de la formation préférentielle d'un énantiomère plutôt que l'autre (Fig. 4.).

---

[*] *LAE* = Vitesse de la réaction avec ligand / Vitesse de la réaction sans ligand.

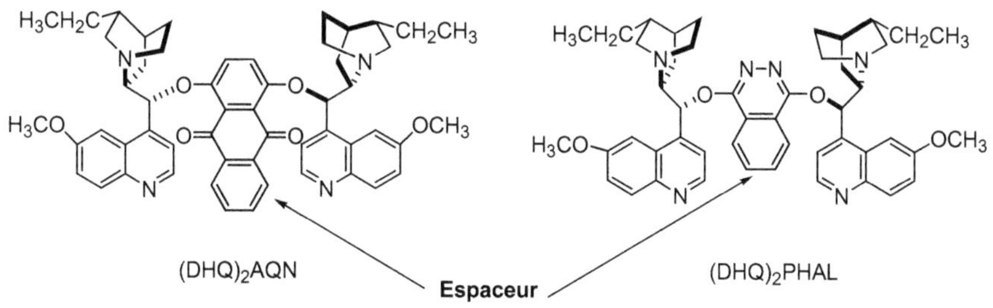

CHAPITRE IV : Dihydroxylation et Aminohydroxylation Asymétriques

[Structures: (DHQ)₂AQN et (DHQ)₂PHAL avec Espaceur]

Fig. 4. Ligands utilisés

Une classification des oléfines, permettant d'associer le ligand le plus adapté à la géométrie de la double liaison, a été élaborée par SHARPLESS[14] sur la base d'observations expérimentales. La configuration absolue de l'énantiomère majoritaire peut être prédite grâce au modèle du quadrant élaboré par Sharpless. Dans ce modèle, le site réactionnel est symbolisé par un quadrant divisé en quatre zones dont la topographie reflète celle du catalyseur :

- les quarts Sud-Est (SE) et Nord-Ouest (NO) stériquement encombrés, sont réservés respectivement aux hydrogènes et aux substituants de petite taille.
- le quart Nord-Est (NE) étant plus dégagé, les substituants de taille moyenne peuvent s'y loger.
- le quart Sud-Ouest (SO) est une zone d'interaction particulièrement adaptée aux groupes aromatiques plans ou, en leur absence, aux groupes aliphatiques volumineux.

La réaction avec le ligand de type DHQ (ou DHQD) correspond alors à une attaque par la face inférieure (face α), tandis que l'attaque par la face supérieure (face β) est réalisée dans le cas d'un ligand de type DHQD (Fig. 5.).

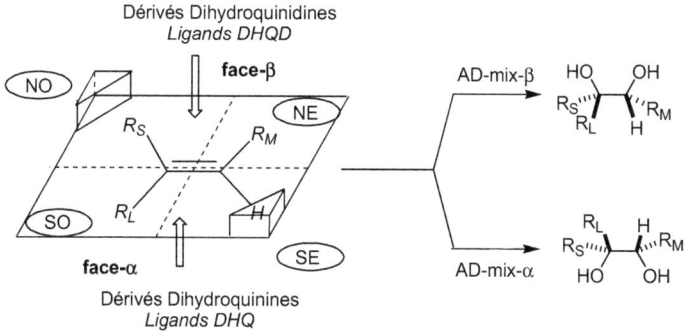

Fig. 5. Modèle du quadrant de Sharpless

Il est à noter aussi que les ligands, par exemple, (DHQD)$_2$PHAL et (DHQ)$_2$PHAL sont deux diastéréoisomères et non énantiomères (on les nomme également *pseudo-énantiomères*). Les diols issus de l'utilisation de ces deux ligands sont, par contre, énantiomères et les excès énantiomériques *e.e.* ne sont en général pas identiques [14].

TRAVAUX PERSONNELS

Nous avons jugé intéressant d'appliquer la dihydroxylation asymétrique de Sharpless à nos accepteurs de Michael bifonctionnels de type **7** dans le but d'introduire deux groupes hydroxyles supplémentaires en une seule étape.

III- DIHYDROXYLATION ASYMETRIQUE DES GLUTARATES α-ALKYLIDENIQUES

Nos premiers essais de dihydroxylation asymétrique ont été effectués sur le diester **7d**. Le diol résultant de cette dihydroxylation asymétrique de Sharpless se cyclise spontanément dans le milieu réactionnel pour conduire à la γ-butyrolactone fonctionnelle **36e** avec un rendement de 68%. Cette réaction a pu ensuite être étendue aux glutarates **7(a-c)** ainsi qu'à l'α-méthylène glutarate de diméthyle **4a**. En effet, l'utilisation des conditions standards légèrement modifiés (Osmium 1 mol% au lieu de 0.2 mol%, à température ambiante) pour les oléfines tétrasubstituées ou pauvres en électrons est conseillée afin d'augmenter l'affinité entre la double liaison et l'osmium et conduire à des niveaux d'énantiocontrôle plus satisfaisants[14,15].

Ainsi, la dihydroxylation de ces 1,5-diesters α-alkylidéniques, en présence de la quinuclidine comme ligand achiral, nous a permis d'isoler une série de γ-butyrolactones fonctionnelles **36(a-e)** avec des rendements satisfaisants. Dans tous les cas examinés, l'intermédiaire diol n'a pas été isolé, mais se cyclise spontanément dans les conditions basiques de la réaction de dihydroxylation de Sharpless. Par ailleurs, il est important de souligner que cette transestérification intramoléculaire de l'intermédiaire diol est totalement régiosélective et seules les γ-butyrolactones ont pu être isolées dans les conditions de la réaction en l'absence totale de δ-lactones (Schéma 4).

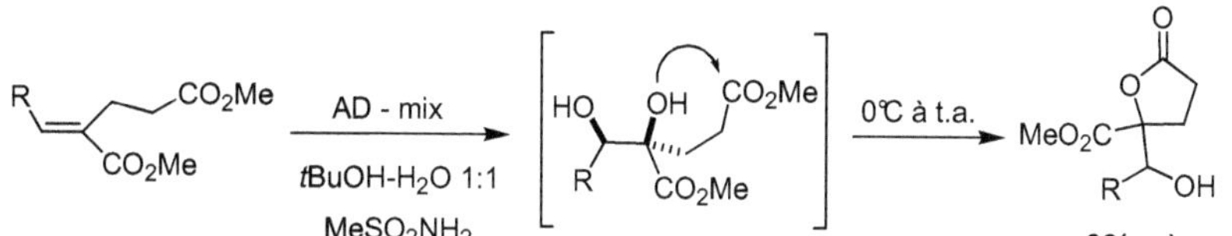

CHAPITRE IV : Dihydroxylation et Aminohydroxylation Asymétriques

schéma 4

Les différents produits de la dihydroxylation, en version racémique, sont consignés dans le Tableau XIII.

Tableau XIII : γ-*Butyrolactones synthétisées*

Diester	R	γ-Butyrolactone^a	Rdt (%)^b
4a	H	36a	61
7a	Me	36b	69
7b	iPr	36c	61
7c	Bn	36d	76
7d	tBu	36e	68

(a) $K_3Fe(CN)_6$ (3 équiv.), K_2CO_3 (3 équiv.), $K_2OsO_2(OH)_4$ (1mol%), Quinuclidine (1mol%), $CH_3SO_2NH_2$ (1 équiv.), [substrat] = 0,1M, 0°C à t.a. 6-18h (b) Produit isolé pur.

Cette lactonisation spontanée du diol résultant de la dihydroxylation a été observée aussi par SHARPLESS et Coll.,[16] lors de leur synthèse de *la muricatacine* à partir d'un ester γ,δ-insaturé. La même méthodologie a été adoptée par l'équipe de BRUCKNER[17] pour la synthèse de *la sapranthine* à partir d'un ester β,γ-insaturé (Schéma 5).

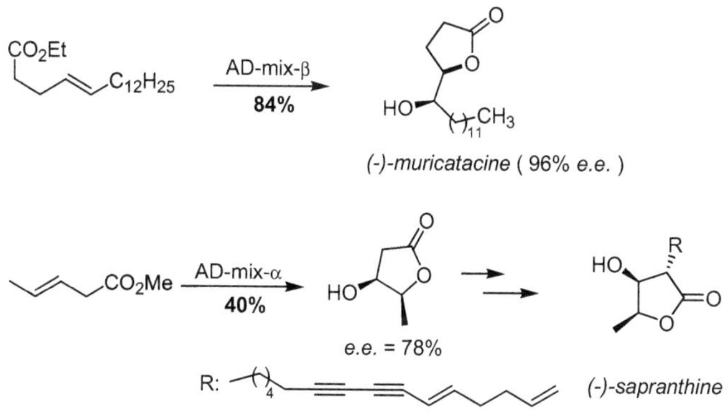

schéma 5

Récemment, cette même équipe[18] a également décrit la synthèse de *l'isodihydromahubanolide B* à partir de la dihydroxylation asymétrique d'un diène fonctionnel. La dihydroxylation est régiosélective en faveur de la double liaison éloignée de la fonction ester et le diol résultant se lactonise pour conduire à l'α-alkylidène γ-butyrolactone fonctionnelle recherchée. Ceci démontre encore une fois la performance de cette méthodologie lorsqu'elle est appliquée à des oléfines hautement fonctionnalisées (Schéma 6).

schéma 6

L'application de la dihydroxylation asymétrique de Sharpless sur l'α-méthylène adipate de diéthyle **9a** a aussi été réalisée pour conduire quantitativement au diol **37** alors qu'aucune cyclisation n'a été observée dans ce cas (Schéma 7). La cyclisation 6-*exo*-Trig est connue pour être plus lente que la cyclisation 5-*exo*-Trig.

schéma 7

Partant de l'α-benzylidène glutarate de diméthyle **7c**, nous avons réalisé une série de réactions en utilisant quelques ligands chiraux commercialisés. Les trois ligands testés appartiennent à la série dihydroquinine (DHQ) d'AD-mix-α (Fig. 4.). Le ligand (DHQ)$_2$PYR fournit la γ-butyrolactone fonctionnelle **36d** avec une très faible énantiosélectivité (9% *e.e.*)[*], alors qu'une énantiosélectivité moyenne (72% *e.e.*) a été observée avec le (DHQ)$_2$PHAL. A l'opposé, le (DHQ)$_2$AQN fournit la γ-butyrolactone correspondante énantiomériquement pure à 98% dans les mêmes conditions opératoires (Schéma 8).

---

[*] Les *e.e.* sont mesurées par HPLC à barrette de diode, Chiracel OD® (hexane/*i*PrOH(90:10), 259.2nm, T_R (min) = 20.6 et 31.2.

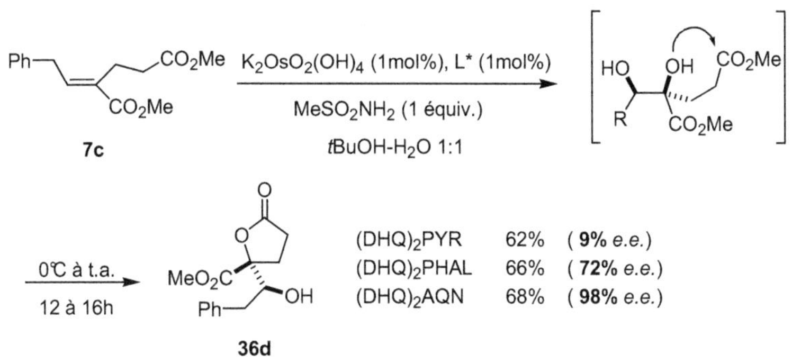

CHAPITRE IV : Dihydroxylation et Aminohydroxylation Asymétriques

schéma 8

	(DHQ)$_2$PYR	62%	(**9%** e.e.)
	(DHQ)$_2$PHAL	66%	(**72%** e.e.)
	(DHQ)$_2$AQN	68%	(**98%** e.e.)

La déduction de la configuration absolue des deux carbones asymétriques crées au cours de cette dihydroxylation pourrait se faire en transposant le modèle du quadrant de Sharpless (Fig. 5.) sur l'oléfine **7c**. Le quart Sud-Ouest est une zone particulièrement attractive pour les motifs aromatiques ou en leur absence pour les groupements alkyles[14,19]. Ainsi, en plaçant le groupement benzylidène dans ce quart, il résulte, suite à l'attaque par la face-α du ligand DHQ, que les deux centres stéréogéniques créés possèdent la configuration absolue (*R, R*) (Schéma 9).

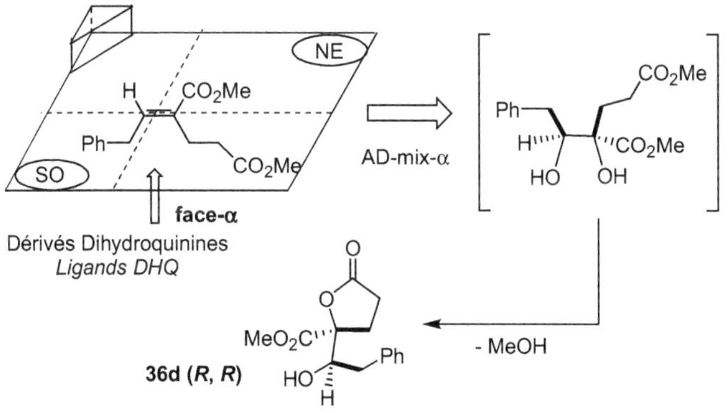

schéma 9

Bien que ce modèle empirique, adopté dans plusieurs cas, soit un moyen mnémotechnique[14,19] fiable, nous ne pouvons pas le considérer comme une preuve absolue de la configuration de nos γ-butyrolactones synthétisées.

CHAPITRE IV : Dihydroxylation et Aminohydroxylation Asymétriques

Par ailleurs, nous avons testés la dihydroxylation asymétrique de différents diesters **4a**, **7(a-b)**, et **7d** avec les deux ligands PHAL et AQN. Cependant, l'absence d'un chromophore sur ces molécules, nous a empêché de mesurer les excès énantiomériques par HPLC à l'aide d'un détecteur UV. Il a donc été nécessaire de greffer un chromophore sur ces molécules afin de pouvoir les détecter par UV.

Pour cela, nous avons jugé utile de protéger la fonction alcool sous forme de -OBn ou –OBz, le noyau aromatique étant susceptible d'absorber en UV. La benzoylation des γ-butyrolactones **36(a-b)** est aisée et quantitative (> 90%) en utilisant le chlorure de benzoyle (BzCl) en présence d'une quantité catalytique de DMAP dans la pyridine à température ambiante[20]. Un rendement de 85% est obtenu lors de la conversion de l'alcool relativement encombré **36c** dans les mêmes conditions opératoires (Schéma 10).

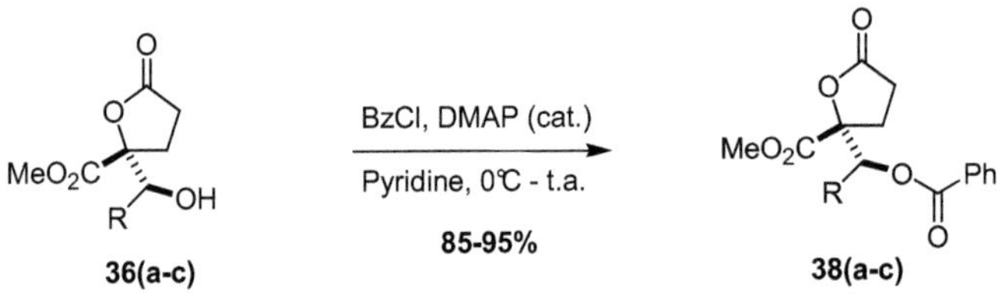

Schéma 10

Cependant, il nous a été impossible de convertir, en faisant varier les conditions opératoires[20,21], l'alcool très encombré **36e** (OH entre deux carbones quaternaires) en son homologue benzoylé, ou benzylé par couplage avec le chlorure de benzyle (PhCH$_2$Cl). Seul le produit de départ est obtenu dans la plupart des cas ou des produits de dégradation lorsque les conditions ont été durcies (Schéma 11).

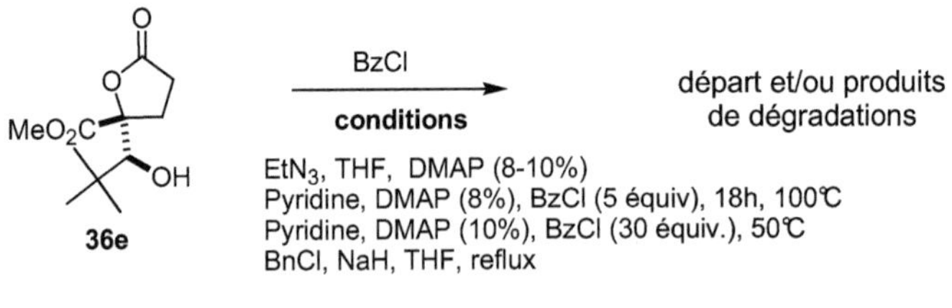

schéma 11

CHAPITRE IV : Dihydroxylation et Aminohydroxylation Asymétriques

Les tentatives de transformation de l'ester méthylique dans **36e** en ester benzylique par transestérification n'ont malheureusement pas abouties [22,23] (Schéma 12).

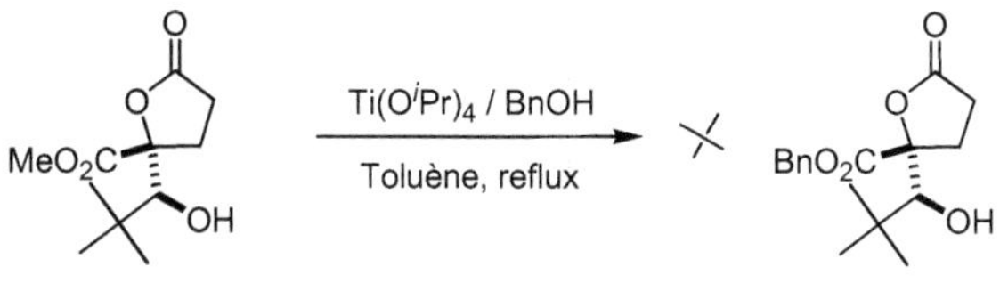

schéma 12

Finalement, l'introduction d'un chromophore sur la lactone **36e** par action du phényl(diméthyl)chlorosilane en présence de triéthylamine dans le dichlorométhane à température ambiante a permis d'isoler l'éther silylé **39** avec un rendement de 75% (Schéma 13).

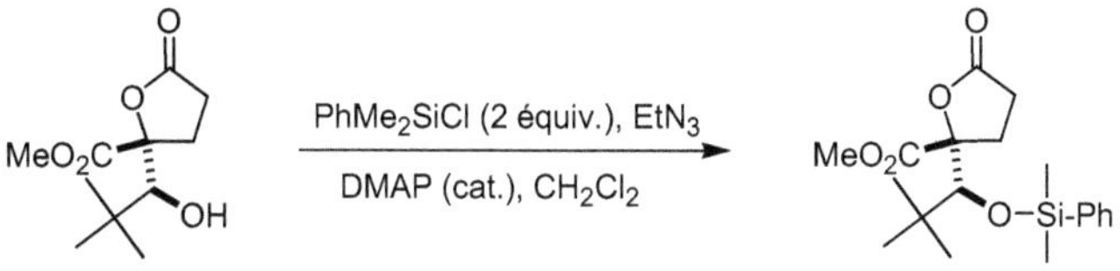

schéma 13

Les excès énantiomériques des γ-butyrolactones synthétisées **36(a-c)** ont pu ensuite être mesurés à partir des homologues benzoylées **38(a-c)**. A l'opposé, l'éther silylé **39** ne permet pas une bonne séparation sur la colonne Chiracel OD® utilisée. Les rendements obtenus avec les divers ligands utilisés et les *e.e.* mesurés par HPLC sont récapitulés dans le Tableau XIV.

Tableau XIV: γ-Butyrolactones obtenues par AD des oléfines 4a et 7(a-c)

Entrée	γ-Butyrolactone	Ligand	Conditions	e.e.[a]	Rdt (%)[b]
36a	MeO$_2$C-...-OH	Quinuclidine	0°C à t.a., 6h	-	61
		(DHQ)$_2$PHAL	0°C à t.a., 6h	17	62
		(DHQ)$_2$AQN	0°C à t.a., 8h	51	66
36b	MeO$_2$C-...-OH	Quinuclidine	0°C à t.a., 12h	-	69
		(DHQ)$_2$PHAL	0°C à t.a., 10h	68	66
		(DHQ)$_2$AQN	0°C à t.a., 12h	77	63
36c	MeO$_2$C-...-OH	Quinuclidine	0°C à t.a., 18h	-	61
		(DHQ)$_2$PHAL	0°C à t.a., 18h	87	58
		(DHQ)$_2$AQN	0°C à t.a., 20h	90	56
36d	MeO$_2$C-, Ph-...-OH	Quinuclidine	0°C à t.a., 6h	-	76
		(DHQ)$_2$PYR	0°C à t.a., 16h	9	62
		(DHQ)$_2$PHAL	0°C à t.a., 12h	72	66
		(DHQ)$_2$AQN	0°C à t.a., 16h	98	68
36e	MeO$_2$C-...-OH	Quinuclidine	0°C à t.a., 14h	-	68
		(DHQ)$_2$PHAL	0°C à t.a., 16h	-	67
		(DHQ)$_2$AQN	0°C à t.a., 18h	-	61

(a) Déterminé par HPLC sur colonne chirale Chiracel OD® (voir conditions dans experimental section)
(b) Rendement de produit isolé après purification sur colonne.

D'après cette étude[24], il apparaît clairement que le ligand (DHQ)$_2$AQN est le mieux adapté pour ce type d'oléfine fonctionnelle trisubstituée. Les résultats encourageants obtenus lors de la dihydroxylation asymétrique de Sharpless de ces accepteurs de Michael nous ont ensuite incité à examiner l'Aminohydroxylation Asymétrique (AA) de ces mêmes systèmes acryliques.

IV- AMINOHYDROXYLATION ASYMETRIQUE DE SHARPLESS

Tout comme la dihydroxylation, l'Aminohydroxylation Asymétrique (AA) de Sharpless, rapportée pour la première fois en 1996[25] est rapidement devenue un outil particulièrement performant en synthèse organique. L'intérêt de cette réaction réside dans l'introduction énantiosélective des fonctions vicinales amine et alcool en une seule étape. Le motif β-aminoalcool présent dans nombreuses molécules d'intérêt biologique est ainsi accessible très facilement à partir de ce processus simple. L'utilisation d'une amine activée et protégée sous forme d'un sel en présence de ligand et du tétroxyde d'osmium suivie d'une étape de déprotection permet de régénérer énantiosélectivement cette fonctionnalité (Schéma 14).

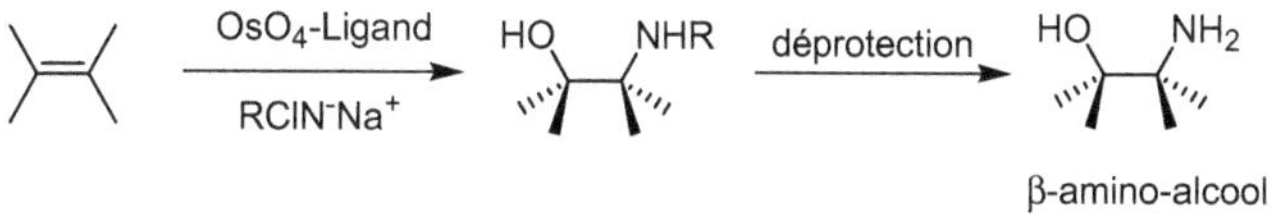

$$\text{alcène} \xrightarrow[\text{RCIN}^-\text{Na}^+]{\text{OsO}_4\text{-Ligand}} \text{HO-CH-CH-NHR} \xrightarrow{\text{déprotection}} \text{HO-CH-CH-NH}_2$$

β-amino-alcool

schéma 14

Il convient de signaler que le rôle du ligand dans la réaction d'AA ne se limite pas à contrôler l'énantiosélectivité comme dans le cas du processus AD, mais la présence du ligand permet aussi le contrôle de la régiosélectivité et de la chimiosélectivité de la réaction (diminution de la formation de diol au détriment de l'amino-alcool). Ainsi le protocole d'aminohydroxylation asymétrique de Sharpless dans un milieu biphasique en présence de ligand permet la création de deux centres stéréogéniques et l'introduction du motif β-amino-alcool à partir d'oléfines variées[26] (Fig. 6.).

$K_2OsO_2(OH)_4$ (4mol%)	solvant biphasique:
Ligand (5mol%)	t-BuOH-H_2O (1:1)
RNClNa (3équiv.)	n-PrOH-H_2O (1:1) ou (2:1)
0°C - t.a.	CH_3CN-H_2O (1:1)
	[substrat] = 0,1M ou 0.14g/mL

Fig. 6. Conditions de l'Aminohydroxylation Asymétrique de Sharpless

Par analogie à la dihydroxylation, la formation puis l'hydrolyse de l'azaglycolate d'osmium (VIII) assure un cycle catalytique[26b] dont le *turn-over* est gouverné entre autre par la nature du ligand. On notera l'existence d'un second cycle catalytique engageant l'azaglycolate intermédiaire avec une deuxième molécule d'oléfine et n'impliquant pas le ligand, conduisant à de faibles énantiosélectivités (Schéma 14).

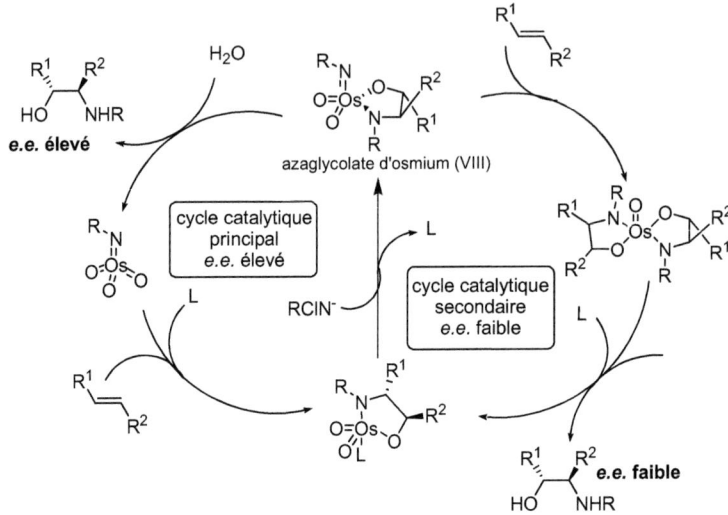

schéma 14: Deux cycles catalytiques impliqués dans l'aminohydroxylation asymétrique

IV-1- SOURCE D'AMINES ET REGIOSELECTIVITE DANS LA REACTION D'AMINOHYDROXYLATION

Différentes sources d'azote ont été utilisées au cours de cette aminohydroxylation : sulfonamides[25-27], carbamates[28], amides[29] et même des hétérocycles aminosubstitués[30]. Dans la plupart des cas, l'espèce réactive est un sel de chloroamine RClN⁻,Na⁺ (ou Li⁺) (commercialisé dans le cas de la Chloramine-T) généré *in situ* ou préparé séparément, par N-chloration de l'amine correspondante par l'hypochlorite de *t*-butyle en présence d'une base telle que NaOH ou LiOH (Schéma 15).

RNH$_2$ → (1) *t*BuOCl (2) NaOH / H$_2$O → Cl-N⁻(R) ⊕Na

sel de sodium de la chloramine

schéma 15

Différents facteurs interviennent dans le régiocontrôle au cours de la réaction d'aminohydroxylation asymétrique[26a]. En effet, le ligand, la nature et le degré de substitution sur l'alcène, la polarisation de l'oléfine et l'interaction ligand-substrat[26b] ainsi que le pH du milieu[31], gouvernent cette régiosélectivité.

IV-2- RÉGIOSELECTIVITÉ DE LA RÉACTION D'AMINOHYDROXYLATION DES SYSTEMES ACRYLIQUES α,β-INSATURES

Il est très souvent possible de contrôler la régiosélectivité dans le cas des alcènes pauvres en électrons par le choix du ligand. Généralement, en tenant compte des effets électroniques, l'azote nucléophile, s'introduit préférentiellement en β du groupement électroattracteur d'un accepteur de Michael[32]. La régiosélectivité procurée par les ligands PHAL fait de l'aminohydroxylation une méthode flexible, utile dans la synthèse de nombreuses molécules bioactives. Nous présentons, à titre d'exemple, la synthèse élégante d'un précurseur de la chaîne latérale du Taxol® rapportée par l'équipe de SHARPLESS[33] qui isole la (2R,3S)-3-phénylisosérine avec un rendement de 68%, une *régiosélectivité totale* et un excellent excès énantiomérique après cristallisation (Schéma 16).

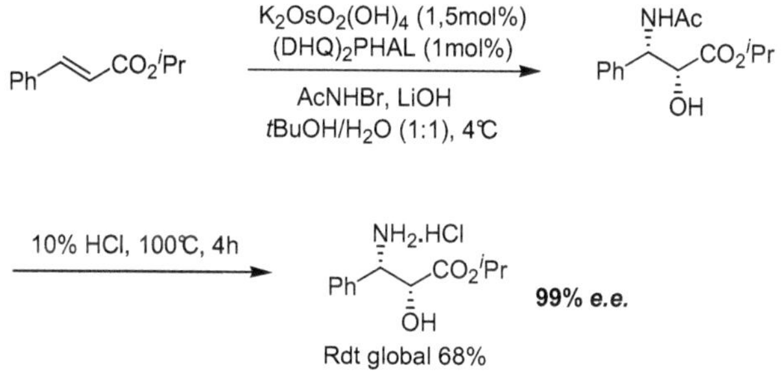

$$Ph\diagdown\diagup CO_2{}^iPr \xrightarrow[\substack{AcNHBr,\ LiOH \\ tBuOH/H_2O\ (1:1),\ 4°C}]{\substack{K_2OsO_2(OH)_4\ (1,5mol\%) \\ (DHQ)_2PHAL\ (1mol\%)}} Ph\diagdown\diagup\underset{OH}{\overset{NHAc}{CO_2{}^iPr}}$$

$$\xrightarrow{10\%\ HCl,\ 100°C,\ 4h} Ph\diagdown\diagup\underset{OH}{\overset{NH_2.HCl}{CO_2{}^iPr}} \quad 99\%\ e.e.$$

Rdt global 68%

schéma 16

Il est à remarquer que pour les ligands AQN, la régiosélectivité induite dans le cas du cinnamate de méthyle, est *inverse* et plus faible que celle obtenue par les ligands phtalazines alors que l'énantiosélectivité est du même ordre[34]. Cette inversion fût également observée par PANEK[35] lors de l'aminohydroxylation des esters d'aryle α,β-insaturés. Dans tous les cas testés, le ligand AQN donne à l'inverse du PHAL, le β-hydroxy-α-aminoester comme régioisomère majoritaire. En revanche l'énantiosélectivité est similaire avec les deux ligands (Schéma 17).

R	AQN	PHAL
CH_3CH_2-	> 10:90	>10:90
Cl–C₆H₄–	85:15	30:70
Br–C₆H₄–		87:13
Me–C₆H₄–		85:15
MeO–C₆H₄–		80:20

Régiosélectivité (**1** : **2**)

schéma 17

Cette inversion de régiosélectivité est vraisemblablement dûe à des interactions particulières entre la partie aromatique du substrat et le catalyseur faisant intervenir des effets stériques et électroniques[35].

L'aminohydroxylation de Sharpless constitue une méthode directe et hautement stéréosélective adoptée par plusieurs équipes de recherche dans la synthèse asymétrique des molécules à haute valeur ajoutée telles que des oxazolidinones[36] ou d'autres précurseurs de molécules biologiquement actives[37].

V- AMINOHYDROXYLATION ASYMETRIQUE DES GLUTARATES α-ALKYLIDENIQUES

Nos premiers essais d'aminohydroxylation de glutarates α-alkylidéniques ont été réalisés sur le diester **7d** en utilisant l'éthylcarbamate et la méthanesulfonamide comme sources d'azote. Cependant, aucun produit aminohydroxlyé n'a été isolé et seuls le produit de départ accompagné du produit de dihydroxylation ont pu être observés. La présence du groupement tertiobutyle très encombrant inhibe probablement l'approche entre le ligand et le substrat. Le diester **7d** s'avère donc être un mauvais candidat pour la mise au point de cette réaction (Schéma 18).

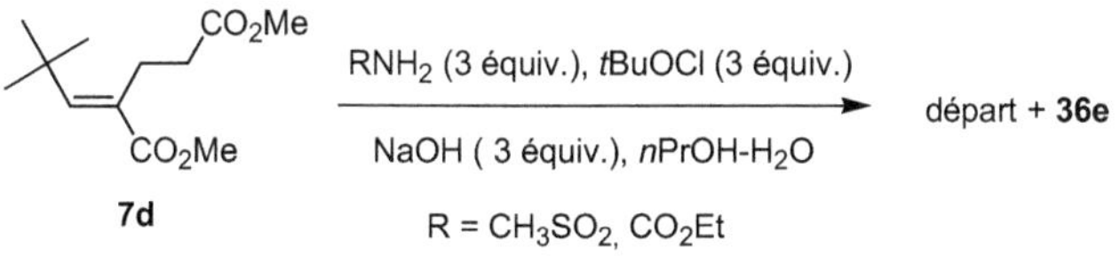

CHAPITRE IV : Dihydroxylation et Aminohydroxylation Asymétriques

$$\text{7d} \xrightarrow[\substack{\text{NaOH (3 équiv.), } n\text{PrOH-H}_2\text{O} \\ \text{R = CH}_3\text{SO}_2,\ \text{CO}_2\text{Et}}]{\text{RNH}_2\ (3\ \text{équiv.}),\ t\text{BuOCl (3 équiv.)}} \text{départ + 36e}$$

schéma 18

L'aminohydroxylation de l'α-méthylène glutarate de diméthyle **4a** réalisée en présence de la chloramine-T dans un milieu biphasique CH_3CN/H_2O avec le ligand $(DHQ)_2PHAL$, fournit un mélange inséparable de deux régioisomères (81%) dans un rapport (7/1), mesuré à partir du spectre RMN du proton, en faveur de l'α-hydroxyester (Schéma 19).

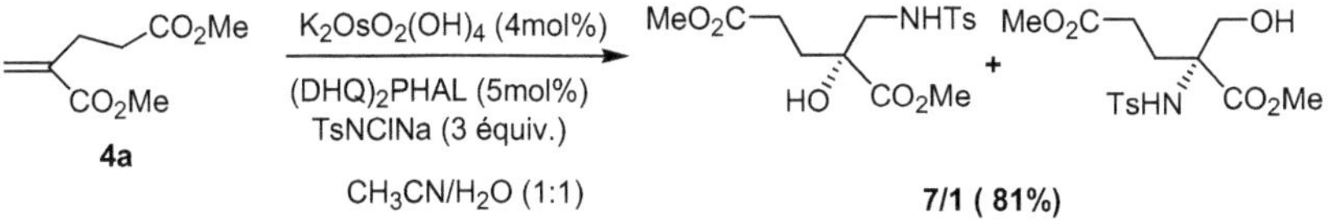

schéma 19

Par ailleurs, quand la réaction est conduite en présence de la quinuclidine dans le mélange nPrOH/H$_2$O à une concentration de 0,8M, elle fournit majoritairement l'α-hydroxy-β-aminoester, lequel se cyclise spontanément dans le milieu réactionnel pour conduire à la γ-butyrolactone fonctionnelle correspondante **40a** avec un rendement de 68% (Schéma 20).

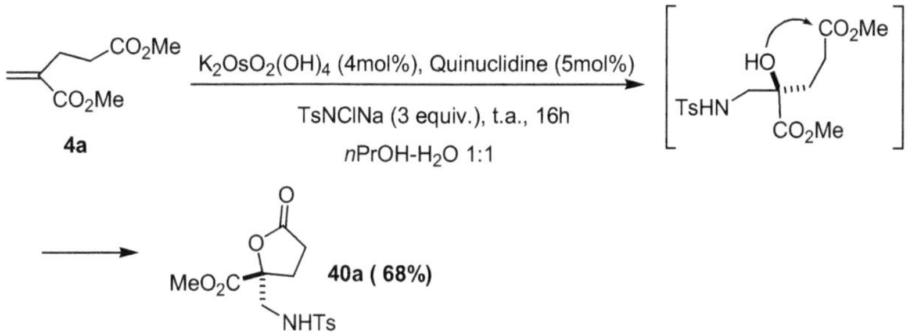

schéma 20

Cette réaction a pu être généralisée dans ces mêmes conditions opératoires avec les différents ligands chiraux de Sharpless commerciaux. En effet, nous avons observé une amélioration de la régiosélectivité de la réaction en faveur du β-amino-α-hydroxyester, puisqu'une augmentation sensible du rendement en γ-butyrolactone a été observée, par comparaison avec la réaction réalisée avec la quinuclidine achirale. En revanche, une énantiosélectivité moyenne voire modeste est obtenue dans tous les cas examinés[24] (Tableau XV).

Tableau XV : Aminohydroxylation Asymétrique de 4a

γ-Butyrolactone	Ligand (5mol%)	Rdt (%)^a	e.e.^{b}
40a (MeO$_2$C-...NHTs, structure)	Quinuclidine	68	-
	(DHQ)$_2$PHAL	88	19
	(DHQ)$_2$PYR	81	63
	(DHQ)$_2$AQN	71	22
	(DHQD)$_2$PHAL	76	37
	(DHQD)$_2$AQN	74	40

(a) Rendement en produit isolé pur (b) Déterminé par HPLC T_R (min) 16.8, 23.6.

Les faibles excès énantiomériques obtenus dans cette aminohydroxylation asymétrique pourraient être expliqués par l'implication de l'intermédiaire azaglycolate dans le cycle catalytique secondaire sans ligand donnant lieu à de faibles excès énantiomériques.

L'aminohydroxylation du diester **7a** portant un groupement méthyle en β a aussi été testée. Cependant, dans tous les cas, la réaction conduit soit au produit de dihydroxylation, soit à un faible rendement en produit aminohydroxylé. Ces produits sont accompagnés d'une quantité non négligeable de produit de départ et d'autres produits de dégradation. Il est à noter par ailleurs, que le réactif d'aminohydroxylation peut également conduire au produit de dihydroxylation. Les deux réactions sont donc en compétition ce qui explique le problème de chimiosélectivité observé au cours de nos réactions d'aminohydroxylation. Ainsi, nous avons pu isoler et caractériser la γ-butyrolactone **40b**, issue de la cyclisation du régioisomère majoritaire, l'α-amino-β-hydroxyester **41** minoritaire accompagnés du produit de départ (25%), ainsi que du produit de dihydroxylation **36b** (Schéma 21).

CHAPITRE IV : Dihydroxylation et Aminohydroxylation Asymétriques

7a TsNClNa (3 équiv.), t.a., 24h
$K_2OsO_2(OH)_4$ (4mol%)
Quinuclidine (5mol%)
tBuOH-H_2O 1:1

→ **40b** (30%) + **41** (6%) + **36b** (26%)

schéma 21

Dans le but d'optimiser la chimio- et la régiosélectivité de ces réactions, nous avons changé la source d'azote en utilisant le méthanesulfonamide moins encombré. Cependant, aucune amélioration n'a été observée. A titre indicatif, l'aminohydroxylation du glutarate α-alkylidénique **7c**, réalisée avec la chloramine-M en présence de quinuclidine dans un mélange biphasique nPrOH-H_2O, conduit majoritairement au régioisomère α-hydroxy-β-aminoester **42** (54%), dont une partie se lactonise dans le milieu réactionnel pour donner la γ-butyrolactone **40d** (22%), accompagnée du produit de dihydroxylation **36d** (18%) et d'une faible quantité du produit de départ (5%)[24] (Schéma 22).

7c MsNClNa (3 équiv.), t.a., 14h
$K_2OsO_2(OH)_4$ (4mol%)
Quinuclidine (5mol%)
nPrOH-H_2O 1:1

→ **40d** (22%) + **42** (54%) + **36d** (18%)

schéma 22

Enfin, la chromatographie sur colonne rendue très délicate par la présence de méthanesulfonamide, de tosylsulfonamide en excès (très souvent 2 ou 3 purifications) et de produit de dégradation, pourraient expliquer les rendements modestes en produits isolés. Par ailleurs, la géométrie de nos oléfines **7(a-d)** portant un groupement alkyle encombré sur le carbone en β de l'ester semble être un facteur défavorable à la formation de l'espèce azaglycolate, expliquant ainsi la mauvaise chimiosélectivité observée, illustrée par la formation des produits de dihydroxylation dans toutes les réactions d'aminohydroxylation des glutarates α-alkylidéniques étudiés.

VI- CONCLUSION

Nous avons montré que les glutarates α-alkylidéniques se présentent comme des intermédiaires de choix pour la synthèse énantiosélective de γ-butyrolactones hautement fonctionnalisées, lesquelles peuvent présenter des activités biologiques intéressantes[37-39]. Deux centres asymétriques, dont un quaternaire d'accès difficile d'après la littérature, ont été générés dans cette synthèse. De bons, voire d'excellents excès énantiomériques ont été obtenus lors de la dihydroxylation, alors qu'un problème de chimiosélectivité et une énantiosélectivité modeste à moyenne sont observés au cours de l'aminohydroxylation de ces accepteurs de Michael.

BIBLIOGRAPHIE

1. (a) Criegee, R. *Liebigs Ann. Chem.* **1936**, *522*, 75 (b) Criegee, R. *Angew. Chem. Int. Ed.* **1937**, *50*, 153 (c) Criegee, R. *Angew. Chem. Int. Ed.* **1938**, *51*, 519.
2. Jacobsen, E. N.; Marko, I.; Mungall, W. S.; Schröder, G.; Sharpless, K. B. *J. Am. Chem. Soc.* **1988**, *110*, 1968.
3. (a) Kwong, H-L.; Sorato, C.; Ogino, Y.; Chen, H.; Sharpless, K. B. *Tetrahedron Lett.* **1990**, *31*, 2999 (b) Ogino, Y.; Chen, H.; Kwong, H-L.; Sharpless, K. B. *Tetrahedron Lett.* **1991**, *32*, 3965.
4. Sharpless, K. B.; Amberg, W.; Bennani, Y. L.; Crispino, G. A.; Hartung, J.; Jeong, K. S.; Kwong, H-L.; Morikawa, K.; Wang, Z. M.; Xu, D.; Zhang, X. L. *J. Org. Chem.* **1992**, *57*, 2768.
5. Sharpless, K. B.; Amberg, W.; Bennani, Y. L.; Crispino, G. A.; Hartung, J.; Jeong, K. S.; Chadha, R. K.; Davis, W. D.; Ogino, Y.; Shibata, T. *J. Org. Chem.* **1993**, *58*, 844.
6. Sharpless, K. B.; Crispino, G. A.; Jeong, K. S.; Wang, Z. M.; Xu, D.; Zhang, X. L.; Kolb, H. C. *J. Org. Chem.* **1993**, *58*, 3785.
7. Becker, H.; Sharpless, K. B. *Angew. Chem. Int. Ed.* **1996**, *35*, 448.
8. Jonsson, S. Y.; Adolfsson, H.; Bäckvall, J-E. *Chem. Eur. J.* **2003**, *9*, 2783.
9. Göbel, T.; Sharpless, K. B. *Angew. Chem. Int. Ed.* **1993**, *32*, 1329 (b) Kolb, H. C.; Anderson, P. G.; Sharpless, K. B. *J. Am. Chem. Soc.* **1994**, *116*, 1278 (c) Norrby, P. O.; Kolb, H. C.; Sharpless, K. B. *J. Am. Chem. Soc.* **1994**, *116*, 8470.
10. Corey, E. J.; Noe, M. *J. Am. Chem. Soc.* **1996**, *118*, 319.
11. Delmonte, A. J.; Haller, J.; Houk, N.; Sharpless, K. B.; Singleton, D. A.; Strassner, T.; Thomas, A. A. *J. Am. Chem. Soc.* **1997**, *119*, 9907.
12. Pidun, U.; Boehme, C.; Frenking, G. *Angew. Chem. Int. Ed.* **1996**, *35*, 2817.
13. Berrisford, D. J.; Bolm, C.; Sharpless, K. B. Angew. Chem. Int. Ed. 1995, 34, 1059.
14. Kolb, H. C.; VanNieuwenhze, M. S.; Sharpless, K. B. *Chem. Rev.* **1994**, *94*, 2483.
15. (a) Morikawa, K.; Park, J.; Andersson, P. G.; Hashiyama, T.; Sharpless, K. B. *J. Am. Chem. Soc.* **1993**, *115*, 8463 (b) Bennani, Y. L.; Sharpless, K. B. *Tetrahedron Lett.* **1993**, *34*, 2079.

16. Wang, Z-M.; Zhang, X-L.; Sharpless, K. B. *Tetrahedron Lett.* **1992**, *33*, 6407.
17. (a) Berkenbusch, T.; Brückner, R. *Tetrahedron* **1998**, *54*, 11461 (b) Berkenbusch, T.; Brückner, R. *Tetrahedron* **1998**, *54*, 11471 (c) Harcken, C.; Brückner, R.; Rank, E. *Chem. Eur. J.* **1998**, *4*, 2342.
18. Harcken, C.; Brückner, R.; *Tetrahedron Lett.* **2001**, *42*, 3967.
19. Hale, K. J.; Manaviazar, S.; Peak, S. A.; *Tetrahedron Lett.* **1994**, *35*, 425.
20. (a) Barros, M. T.; Januario-Charmier, M. O.; Maycock, C. D.; Pires, M. *Tetrahedron*, **1996**, *52*, 7861 (b) Brackenridge, I.; Davies, S. G.; Fenwick, D. R.; Ichihara, O.; Polywka, M. E. C. *Tetrahedron*, **1999**, *55*, 533 (c) Nakamura, K.; Takenaka, K. *Tetrahedron: Asymmetry* **2002**, *13*, 415.
21. Caddick, S.; McCarrol, A. J.; Sandham, D. A. *Tetrahedron* **2001**, *57*, 6305.
22. (a) Dauban, P.; Chiaroni, A.; Riche, C.; Dodd, R. H. *J. Org. Chem.* **1996**, *61*, 2488 (b) Yan, Z.; Weaving, R.; Dauban, P.; Dodd, R. H. *Tetrahedron Lett.* **2002**, *43*, 7593.
23. Shapiro, G.; Marzi, M. *J. Org. Chem.* **1997**, *62*, 7096.
24. Samarat, A.; Landais, Y.; Amri, H. *Tetrahedron* **2004**, soumis.
25. Li, G.; Chang, H-L.; Sharpless, K. B. *Angew. Chem. Int. Ed.* **1996**, *35*, 451.
26. (a) O'Brien, P. *Angew. Chem. Int. Ed.* **1999**, *38*, 326 (b) Bodkin, J. A.; McLeod, M. D. *J. Chem. Soc., Perkin Trans. 1* **2002**, 2733.
27. Rudolph, J.; Sennhenn, P. C.; Vlaar, C. P.; Sharpless, K. B. *Angew. Chem. Int. Ed.* **1996**, *35*, 2810 (b) Pringle, W.; Sharpless, K. B. *Tetrahedron Lett.* **1999**, *40*, 5151.
28. Li, G.; Angert, H. H.; Sharpless, K. B. . *Angew. Chem. Int. Ed.* **1996**, *35*, 2813.
29. Demko, Z. P.; Bartsch, M.; Sharpless, K. B. *Org. Lett.* **2000**, *2*, 2221.
30. Goossen, L. J.; Liu, H.; Dress, K. R.; Sharpless, K. B. *Angew. Chem. Int. Ed.* **1999**, *38*, 1080.
31. Nesterenko, V.; Byers, J. T.; Hergenrother, P. J. *Org. Lett.* **2003**, *5*, 281.
32. Nilov, D.; Reiser, O. *Adv. Synth. Catal.* **2002**, *344*, 1169.
33. Bruncko, M.; Schlingloff, G.; Sharpless, K. B. *Angew. Chem. Int. Ed.* **1997**, *36*, 1483.
34. Tao, B.; Schlingloff, G.; Sharpless, K. B. *Tetrahedron Lett.* **1998**, *39*, 2507.
35. Morgan, A. J.; Masse, C. E.; Panek, J. S. *Org. Lett.* **1999**, *1*, 1949.
36. (a) Barta, N. S.; Silder, D. R.; Somerville, K. B.; Weissman, S. A.; Larsen, R. D.; Reider, P. J. *Org. Lett.* **2000**, *2*, 2821 (b) Li, G.; Lenington, R.; Willis, S.; Kim, S. H. *J. Chem. Soc., Perkin Trans. 1* **1998**, 1753.

37. (a) Haukaas, M. H.; O'Doherty, G. A. *Org. Lett.* **2001**, *3*, 401 (b) Lowik, D. W. P. M.; Liskamp, R. M. J. *Eur. J. Org. Chem.* **2000**, 1219.
38. (a) Yokomatsu, T.; Yuasa, Y.; Kano, S.; Shibuya, S. *Heterocycles* **1991**, *32*, 2315. (b) Gasey, M.; Manoge, A. C.; Murphy, P. J. *Tetrahedron Lett.* **1992**, *33*, 965. (c) Sinha, S. C.; Keinan, E. *J. Am. Chem. Soc.* **1993**, *115*, 4891.
38. (a) Ghosh, A. K.; Mckee, S. P.; Thompson, W. J. *J. Org. Chem.* **1991**, *56*, 6500. (b) Harding, K. E.; Coleman, M. T.; Liu, L. T. *Tetrahedron Lett.* **1991**, *32*, 3795. (c) Askin, D.; Wallace, M. A.; Vacca, J. P.; Reamer, R. A.; Volante, R. P.; Shinkai, I. *J. Org. Chem.* **1992**, *57*, 2771.
39. (a) Cooper, R. D.; Jigajinni, V. B.; Wightman, R. H. *Tetrahedron Lett.* **1984**, *25*, 5215. (b) Wright, A. E.; Schafer, M.; Midland, S.; Munnecke, D. E.; Sims, J. J. *Tetrahedron Lett.* **1989**, *30*, 5699. (c) Rieser, M. J.; Kozlowski, J. F.; Wood, K. V.; McLaughlin, J. L. *Tetrahedron Lett.* **1991**, *32*, 113

EXPERIMENTAL SECTION

General Remarks

^{1}H and ^{13}C NMR spectra were recorded with Bruker AC 250 and on a Bruker AC-300 FT with CDCl$_3$ as internal reference.

The chemical shifts (δ) and coupling constants (J) are respectively expressed in ppm and Hz.

IR spectra were recorded with a Perkin-Elmer paragon 1000 Ft-IR spectrophometer. The wave number (ν) is expressed in cm^{-1}.

High- and low-resolution mass spectra were recorded on a Micromass autospec-Q mass spectrophometer (EI, 70 eV, LSIMS with a 3-nitrobenzyl alcohol matrix).

Elemental analyses, expressed in percentage, were performed by the CNRS laboratory at Vernaison (France).

Melting points were not corrected and determined by using a Büchi Totolli apparatus. Merck silica gel 60 (70-230 mesh) and (0.063-0.200 mm) were used for flash chromatography. Proportions of eluents are expressed in volume to volume (v:v).

Enantiomeric excess were determined by HPLC on a Waters 600 apparatus equipped with a 996 photodiode array detector and Chiracel OD® chiral column using hexane / isopropanol as eluent.

All anhydrous and inert atmosphere reactions were performed under nitrogen or argon gas.

Synthesis of γ-butyrolactones 36(a-e)

General procedure for the Sharpless Asymmetric Dihydroxylation

In 50 mL flask, were placed AD-mix [$K_3Fe(CN)_6$ (990 mg, 3 mmol), K_2CO_3 (415 mg, 3 mmol), $K_2OsO_2(OH)_4$ (3.7 mg, 0.01 mmol), ligand (0.01 mmol)], H_2O (5 mL) and t-BuOH (5 mL). The solution was stirred for 5 min at room temperature and methanesulfonamide (95 mg, 1 mmol) was added. No $CH_3SO_2NH_2$ should be added for terminal olefin (Table XIV, entry 36a). The orange solution was cooled down to 0°C and olefin (1 mmol) was introduced. The mixture was vigorously stirred at 0°C then allowed to warm to room temperature for 6 to 20 hours. The solution was then cooled to 0°C, and solid sodium sulfite (1.5 g, 12 mmol) was added and the mixture was allowed to stir at room temperature for 45 min. Ethyl acetate (10 mL) was added and the aqueous layer was further extracted with ethyl acetate (4 x 5 mL). If $CH_3SO_2NH_2$ was used, the combined organic layers were washed with (10%) aqueous NaOH (10 mL), dried over $MgSO_4$ then concentrated. The crude product was purified by column chromatography on silica gel to afford the γ-butyrolactones **36(a-e)** in yields ranging between 56 to 76%.

Spectral data of γ -butyrolactones 36(a-e)

2-Hydroxymethyl-5-oxotetrahydrofuran-2-carboxylic acid methyl ester 36a

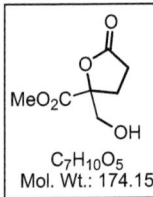

$C_7H_{10}O_5$
Mol. Wt.: 174.15

Colorless oil, R_f = 0.31 (CH_2Cl_2/AcOEt 3:2); IR (film): ν = 3416 cm^{-1} (OH), 1787 (C=O), 1744 (C=O). - ^{1}H NMR (250 MHz, CDCl$_3$): δ = 4.03-3.86 (AB, J_{AB} = 13.7 Hz, 2H, CH_2OH), 3.79 (s, 3H, OCH$_3$), 3.11 (br. s, 1H, OH), 2.62 (m, 2H, CH$_2$), 2.35 (m, 2H, CH$_2$). - ^{13}C NMR (62.9 MHz, CDCl$_3$): δ = 176.2 (C=O), 170.8 (C=O), 86.6 (C), 64.9 (CH$_2$OH), 53.0 (OCH$_3$), 27.9 (CH$_2$), 27.1 (CH$_2$). - MS (EI, 70 eV); m/z (%): 174 (M$^+$, 2), 143 (9), 115 (100), 59 (32), 31 (84). C$_7$H$_{10}$O$_5$ (174.15): calcd. C 48.28, H 5.79; found: C 48.19, H 5.82.

2-(1-Hydroxyethyl)-5-oxotetrahydrofuran-2-carboxylic acid methyl ester 36b

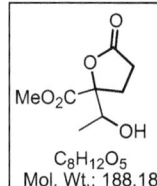

Yellow oil, R_f = 0.23 (CH$_2$Cl$_2$/AcOEt 7:3); IR (film): ν = 3477 cm^{-1} (OH), 1782 (C=O), 1741 (C=O). - ^{1}H NMR (250 MHz, CDCl$_3$): δ = 4.13 (q, J = 6.4 Hz, 1H, C*H*OH), 3.79 (s, 3H, OCH$_3$), 2.94 (br. s, 1H, OH), 2.62-2.58 (m, 2H, CH$_2$), 2.54-2.44 (m, 2H, CH$_2$), 1.21 (d, J = 6.4 Hz, 3H, CH$_3$). - ^{13}C NMR (62.9 MHz, CDCl$_3$): δ = 175.9 (C=O), 170.9 (C=O), 88.9 (C), 69.5 (CH), 52.9 (OCH$_3$), 27.9 (CH$_2$), 25.6 (CH$_2$), 16.8 (CH$_3$). - MS (EI, 70 eV); m/z (%): 188 (M$^+$, 1), 143 (26), 129 (28), 88 (95), 45 (62), 43 (100). C$_8$H$_{12}$O$_5$ (188.18): calcd. C 51.06, H 6.43; found: C 51.37, H 6.47.

2-(1-Hydroxy-2-methylpropyl)-5-oxotetrahydrofuran-2-carboxylic acid methyl ester 36c

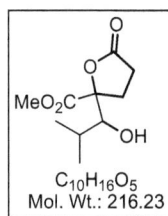

Colorless crystal, m.p. 74-75°C, R_f = 0.44 (AcOEt/Pentane 2:3); IR (film) : ν = 3500 cm^{-1} (OH), 1783 (C=O), 1741 (C=O). - ^{1}H NMR (300 MHz, CDCl$_3$): δ = 3.80 (s, 3H, OCH$_3$); 3.67 (dd, J = 7.9 Hz, J = 9.0 Hz, 1H, C*H*OH); 2.64 (d, J = 9.0 Hz, 1H, OH); 2.56-2.53 (m, 4H, 2 CH$_2$); 1.81 (m, 1H, CH); 0.97 (d, J = 7.1 Hz, 3H, CH$_3$), 0.93 (d, J = 6.7 Hz, 3H, CH$_3$). - ^{13}C NMR (62.9 MHz, CDCl$_3$): δ = 175.6 (C=O), 171.5 (C=O), 88.3 (C), 78.3 (CH), 53.0 (OCH$_3$), 30.1 (CH), 27.8 (CH$_2$), 27.6 (CH$_2$), 20.4 (CH$_3$), 17.3 (CH$_3$). MS (LSIMS); m/z (%): 239 [M+Na]$^+$ (100), 217 [M+H]$^+$(55), 199 (64), 154 (24), 147 (33), 137 (42). HRMS [M+Na] C$_{10}$H$_{16}$O$_5$Na: calcd. 239.0895; found: 239.1223.

2-(1-Hydroxy-2-phenylethyl)-5-oxotetrahydrofuran-2-carboxylic acid methyl ester 36d

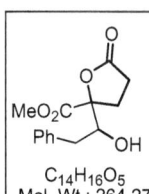

White solid, m.p. 121-122°C, R_f = 0.30 (Hexane/AcOEt 7:3); IR (film) : ν = 3582 cm^{-1} (OH), 1788 (C=O), 1740 (C=O). -^{1}H NMR (250 MHz, CDCl$_3$): δ =7.29 (m, 5H, aromatic H), 4.16 (ddd, J = 7.0, 9.7, 14.0 Hz, 1H, C*H*OH), 3.79 (s, 3H, OCH$_3$), 2.95 (dd, J = 14.0, 2.7 Hz, 1H, OH), 2.67-2.61 (2m, 4H, CH$_2$ + C*H*$_2$Ph), 2.62-2.49 (m, 2H, CH$_2$). - ^{13}C NMR (62.9 MHz, CDCl$_3$): δ = 175.6 (C=O), 171.0 (C=O), 137.2 (aromatic C), 129.4 (aromatic CH), 128.6 (aromatic CH), 126.8 (aromatic CH), 87.8 (C), 74.9 (CH), 53.2 (OCH$_3$), 37.7 (CH$_2$), 28.0 (CH$_2$), 26.6 (CH$_2$). - MS (EI, 70 eV); m/z (%): 264 (M$^+$, 1), 246 (12), 205 (6), 187 (76), 173 (18), 91 (100). C$_{14}$H$_{16}$O$_5$ (264.27): Calcd. C 63.63, H 6.10; found: C 63.66, H 6.22. – HPLC 0.7 mL min^{-1}, Hex / *i*-PrOH (90:10), 259.2 nm, R_T (min) = 20.6, 31.2.

2-(1-Hydroxy-2,2-dimethylpropyl)-5-oxotetrahydrofuran-2-carboxylic acid methyl ester 36e

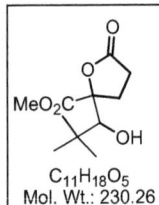

White solid, m.p. 82-83°C, R_f = 0.42 (Petroleum ether/AcOEt 3: 2); IR (film) : ν = 3582 cm^{-1} (OH), 1784 (C=O), 1737 (C=O). -^{1}H NMR (250 MHz, CDCl$_3$): δ = 3.80 (s, 3H, OCH$_3$), 3.63 (d, J= 8.5 Hz, 1H, CHOH), 2.89 (d, J = 8.5 Hz, 1H, OH), 2.61-2.52 (m, 4H, 2CH$_2$), 0.96 (s, 9H, (CH$_3$)$_3$). - ^{13}C NMR (62.9 MHz, CDCl$_3$): δ = 175.5 (C=O), 172.0 (C=O), 87.6 (C), 81.3 (CH), 52.9 (OCH$_3$), 35.4 (C), 29.6 ((CH$_3$)$_3$), 27.6 (CH$_2$), 26.9 (CH$_2$). - MS (EI, 70 eV); m/z (%): 230 (M$^+$, 1), 173 (11), 156 (19), 144 (80), 88 (100), 57 (73). C$_{11}$H$_{18}$O$_5$ (230.26): calcd. C 57.38, H 7.88; found: C 57.19, H 7.76.

Synthesis of the diol 37

To a 50 mL flask charged with AD-mix [K$_3$Fe(CN)$_6$ (2 g, 6 mmol), K$_2$CO$_3$ (0.83 g, 6 mmol), K$_2$OsO$_2$(OH)$_4$ (7.2 mg, 0.02 mmol), and quinuclidine (2.3 mg, 0.02 mmol)] was added the diester **9a** (428 mg, 2 mmol) adjusted to 0.1 M in *t*-BuOH:H$_2$O (1:1 v/v). The reaction mixture was stirred at 0°C for 5 hours then warmed at room temperature until TLC indicates complete consumption of the olefin (10 hours). The solution was cooled at 0°C and sodium sulfite (3 g, 24 mmol) was added. After stirring for 1 hour, the reaction mixture was extracted with ethyl acetate (3 x 15 mL) and the organic extracts were combined, washed with brine then dried over MgSO$_4$. The resulting organic layer was filtered and concentrated under reduced pressure. The crude reaction product was purified by flash chromatography over silica gel to afford the diol **37**.

2-Hydroxy-2-hydroxymethylhexanedioic acid diethyl ester 37

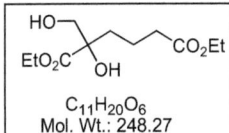

Colorless oil (481mg, 97%), R_f = 0.34 (Pent/AcOEt 1:1); IR (film) : ν = 3443 cm^{-1} (OH), 2981 (OH), 1733 (C=O), 1731 (C=O). - ^{1}H NMR (250 MHz, CDCl$_3$): δ = 4.29 (q, J = 7.0 Hz, 2H, OCH$_2$), 4.12 (q, J = 7.6 Hz, 2H, OCH$_2$), 3.78 (AB, J_{AB} = 12.5 Hz, 2H, CH_2OH), 3.60 (br. s, 1H, OH), 2.38 (br s, 1H, OH), 2.26 (t, J = 6.7 Hz, 2H, CH$_2$), 1.77 – 1.71 (m, 2H, CH$_2$), 1.67-1.55 (m, 2H, CH$_2$), 1.33 (t, J = 7.0 Hz, 3H, CH$_3$), 1.20

(t, J = 7.6 Hz, 3H, CH$_3$). - ^{13}C NMR (62.9 MHz, CDCl$_3$): δ = 174.9 (C=O), 173.1 (C=O), 78.3 (C), 67.8 (CH$_2$OH), 62.4 (OCH$_2$), 60.4 (OCH$_2$), 34.2 (CH$_2$), 34.0 (CH$_2$), 18.7 (CH$_2$), 14.3 (CH$_3$), 14.2 (CH$_3$).

Synthesis of the protected alcohols 38(a-c)

General procedure: To a stirred solution of alcohol **36** (1 mmol) and a catalytic amount of DMAP (9.8 mg, 8 mol%) in pyridine (3 mL) was added freshly distilled benzoyl chloride (0.23 mL, 2 equiv.) at 0°C under argon. The reaction was allowed to stir at room temperature for 6 hours then brine (15 mL) and ether (15 mL) were added to the reaction mixture. The organic layer was decanted, washed with 1M aqueous HCl, brine, saturated aqueous NaHCO$_3$ then with brine. The organic layer was dried over MgSO$_4$ and the solvent was evaporated under reduced pressure to afford a residue, which was purified over silica gel to give **38(a-c)**.

Spectral data of γ-butyrolactones 38(a-c)

2-Benzoyloxymethyl-5-oxotetrahydrofuran-2-carboxylic acid methyl ester 38a

MeO$_2$C, Ph
C$_{14}$H$_{14}$O$_6$
Mol. Wt.: 278.26

Colorless oil (264mg, 95%), R_f = 0.16 (Pent/AcOEt 4:1); IR (film) ν : = 1772 cm^{-1} (C=O), 1738 (C=O), 1732 (C=O). - ^{1}H NMR (250 MHz, CDCl$_3$): δ = 7.97 (m, 2H, aromatic H), 7.47 (m, 3H, aromatic H), 4.70 (AB, J_{AB} = 14.7 Hz, 2H, OCH$_2$), 3.85 (s, 3H, OCH$_3$), 2.66 (m, 2H, CH$_2$), 2.46 (m, 2H, CH$_2$). - ^{13}C NMR (62.9 MHz, CDCl$_3$): δ = 175.1 (C=O), 169.8 (C=O), 165.7 (C=O), 133.6 (aromatic CH), 129.7 (aromatic CH), 129.1 (aromatic C), 128.6 (aromatic CH), 84.1 (C), 66.0 (CH$_2$O), 53.4 (OCH$_3$), 28.1 (CH$_2$), 27.7 (CH$_2$). – HPLC 1 mL min^{-1}, Hex / *i*-PrOH (90:10), 227.4 nm, R_T (min) = 30.9, 34.4.

2-(1-Benzoyloxyethyl)-5-oxotetrahydrofuran-2-carboxylic acid methyl ester 38b

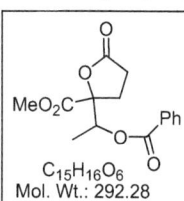
MeO$_2$C, Ph
C$_{15}$H$_{16}$O$_6$
Mol. Wt.: 292.28

Yellow oil (272mg, 93%), R_f = 0.24 (Pent/AcOEt 7:3); IR (film) : ν = 1776 cm^{-1} (C=O), 1733 (C=O), 1731 (C=O). - ^{1}H NMR (300 MHz, CDCl$_3$): δ = 7.99 (m, 2H, aromatic H), 7.49 (m, 3H, aromatic

H), 5.60 (q, J = 6.4 Hz, 1H, CH), 3.74 (s, 3H, OCH$_3$), 2.64 (m, 2H, CH$_2$), 2.39 (m, 2H, CH$_2$), 1.41 (d, J = 6.4 Hz, 3H, CH$_3$). - ^{13}C NMR (75 MHz, CDCl$_3$): δ = 175.0 (C=O), 170.0 (C=O), 165.1 (C=O), 133.3 (aromatic CH), 129.6 (aromatic CH), 129.3 (aromatic C), 128.4 (aromatic CH), 87.3 (C), 71.8 (CH), 53.1 (OCH$_3$), 27.4 (CH$_2$), 27.2 (CH$_2$), 13.8 (CH$_3$). – HPLC 1 mL min^{-1}, Hex / i-PrOH (90:10), 227.4 nm, R_T (min) = 26.2, 55.1.

2-(1-Benzoyloxy-2-methylpropyl)-5-oxotetrahydrofuran-2-carboxylic acid methyl ester 38c

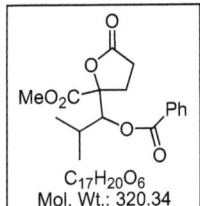

C$_{17}$H$_{20}$O$_6$
Mol. Wt.: 320.34

White solid (272mg, 85%), m.p. 79-80°C, R_f = 0.13 (Petroleum ether/AcOEt 7:3); IR (film) : ν = 1778 cm^{-1} (C=O), 1742 (C=O), 1737 (C=O). - ^{1}H NMR (300 MHz, CDCl$_3$): δ = 8.04 (m, 2H, aromatic H), 7.52 (m, 3H, aromatic H), 5.47 (d, J = 4.8 Hz, 1H, CH), 3.77 (s, 3H, OCH$_3$), 2.59 (m, 2H, CH$_2$), 2.47 (m, 2H, CH$_2$), 2.14 (m, 1H, CH), 1.05 (d, J = 6.8 Hz, 3H, CH$_3$), 0.99 (d, J = 6.8 Hz, 3H, CH$_3$). - ^{13}C NMR (75 MHz, CDCl$_3$): δ = 174.8 (C=O), 170.0 (C=O), 165.5 (C=O), 133.4 (aromatic CH), 129.7 (aromatic CH), 129.1 (aromatic C), 128.5 (aromatic CH), 87.6 (C), 78.0 (OCH), 53.0 (OCH$_3$), 29.2 (CH), 28.1 (CH$_2$), 27.3 (CH$_2$), 20.8 (CH$_3$), 17.9 (CH$_3$). – HPLC 1 mL min^{-1}, Hex / i-PrOH (90:10), 227.4 nm, R_T (min) = 20.1, 43.8.

Synthesis of the silylated ether 39

To a stirred solution of alcohol **36e** (230 mg, 1 mmol), triethylamine (0.27 mL, 2 equiv.) and a catalytic amount of DMAP (4.9 mg, 4 mol %) in dry CH$_2$Cl$_2$ (5 mL) was added freshly distilled PhMe$_2$SiCl (0.34 mL, 2 equiv.) at 0°C under argon. The reaction mixture was allowed to stir overnight at room temperature then diluted with CH$_2$Cl$_2$ (10 mL) then brine (10 mL). The organic layer was separated and the aqueous solution was extracted with ethyl acetate (2 x10 mL). The combined organic layers were dried over MgSO$_4$ and the solvent evaporated under reduced pressure. The residue was purified over silica gel to afford the silylated ether **39**.

2-[1-(Dimethylphenylsilyloxy)-2,2-dimethylpropyl]-5-oxotetrahydrofuran-2-carboxylic acid methyl ester 39

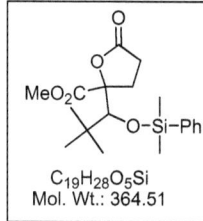

$C_{19}H_{28}O_5Si$
Mol. Wt.: 364.51

White solid (273mg, 75%), m.p. 101-102°C, R_f = 0.58 (Petroleum ether/AcOEt 4:1); IR (film) : ν = 1789 cm^{-1} (C=O), 1739 (C=O), 1252 (SiMe$_2$), 1117 (SiPh). - ^{1}H NMR (250 MHz, CDCl$_3$): δ = 7.60 (m, 2H, aromatic H), 7.38 (m, 3H, aromatic H), 4.02 (s, 1H, CH), 3.72 (s, 3H, OCH$_3$), 2.59 (m, 2H, CH$_2$), 2.33 (m, 2H, CH$_2$), 0.85 (s, 9H, (CH$_3$)$_3$), 0.44 (s, 6H, Si(CH$_3$)$_2$). - ^{13}C NMR (75 MHz, CDCl$_3$): δ = 175.1 (C=O), 170.4 (C=O), 137.6 (aromatic C), 133.5 (aromatic CH), 129.4 (aromatic CH), 127.7 (aromatic CH), 90.7 (C), 80.4 (CH), 52.5 (OCH$_3$), 35.5 (C), 28.6 (CH$_2$), 27.1 ((CH$_3$)$_3$), 24.3 (CH$_2$), -0.8 (SiCH$_3$), -1.0 (SiCH$_3$). – ^{29}Si NMR (59.6 MHz, CDCl$_3$): δ = 9.4.

Asymmetric Aminohydroxylation of glutarates with chloramine-T

Typical procedure: To a stirred solution of ligand (5 mol%) in n-PrOH (12 mL) and water (12 mL), were added dimethyl-2-methylene glutarate **4a** (344 mg, 2 mmol), chloramine-T trihydrate (1.47 g, 6 mmol, 3 equiv) and K$_2$OsO$_2$(OH)$_4$ (29.8 mg, 0.08 mmol, 4 mol%). The reaction flask was immersed in a water bath at room temperature and the slurry was stirred overnight. A saturated aqueous sodium sulfite solution (10 mL) was added and the reaction mixture was stirred for 45 min then extracted with ethyl acetate (3 x 20 mL). The combined organic extracts were washed with brine, dried over MgSO$_4$ and concentrated to give a crude product which was chromatographed on silica gel column.

Spectral data of Asymmetric Aminohydroxylation products

5-Oxo-2-[(toluene-4-sulfonylamino)methyl] tetrahydrofuran-2-carboxylic acid methyl ester 40a

$C_{14}H_{17}NO_6S$
Mol. Wt.: 327.35

White solid, m.p. 94-96°C, R_f = 0.19 (Petroleum ether/AcOEt 3:2); IR (film) : ν = 3054 cm^{-1} (NH), 1732

(C=O), 1725 (C=O). - ^{1}H NMR (300 MHz, CDCl$_3$): δ = 7.72 (d, J = 7.9 Hz, 2H, aromatic H), 7.29 (d, J = 8.3 Hz, 2H, aromatic H), 5.60 (t, J = 7.2 Hz, 1H, NH), 3.72 (s, 3H, OCH$_3$), 3.36 (d, J = 7.2 Hz, 2H, CH$_2$), 2.61 (m, 2H, CH$_2$), 2.51-2.36 (m, 2H, CH$_2$), 2.38 (s, 3H, CH$_3$). - ^{13}C NMR (75 MHz, CDCl$_3$): δ = 175.6 (C=O), 170.3 (C=O), 143.6 (aromatic C), 136.5 (aromatic C), 129.7 (aromatic CH), 126.8 (aromatic CH), 84.6 (C), 53.1 (OCH$_3$), 46.9 (CH$_2$N), 27.8 (CH$_2$), 27.7 (CH$_2$), 21.3 (CH$_3$). MS (LSIMS); m/z (%) : 350 [M+Na]$^+$ (95), 328 [M+H]$^+$(95), 174 (21), 155 (100), 139 (46), 132 (64). C$_{14}$H$_{17}$NO$_6$S (327.35): calcd. C 51.37, H 5.23, N 4.28, S 9.80; found: C 51.18, H 5.80, N 4.05, S 9.84. - HPLC 1 mL min^{-1}, Hex / i-PrOH (70:30), 227.4 nm, R_T (min) = 16.8, 23.6.

5-Oxo-2-[1-(toluene-4-sulfonyamino)ethyl] tetrahydrofuran-2-carboxylic acid methyl ester 40b

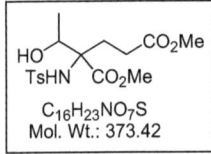

White solid (204 mg, 30%), m.p. 164-165°C, R_f = 0.41 (Petroleum ether/AcOEt 1:1); IR (film) : ν = 3278 cm^{-1} (NH), 1790 (C=O), 1744 (C=O). - ^{1}H NMR (300 MHz, CDCl$_3$): δ = 7.75 (d, J = 8.3 Hz, 2H, aromatic H), 7.33 (d, J = 7.9 Hz, 2H, aromatic H), 5.23 (d, J = 10.9 Hz, 1H, NH), 3.74 (s, 3H, OCH$_3$), 3.62 (q, J = 6.8 Hz, 1H, CH), 2.60 (m, 2H, CH$_2$), 2.51-2.40 (m, 2H, CH$_2$), 2.42 (s, 3H, CH$_3$), 0.99 (d, J = 6.8 Hz, 3H, CH$_3$). - ^{13}C NMR (75 MHz, CDCl$_3$): δ = 175.2 (C=O), 170.9 (C=O), 143.8 (aromatic C), 137.9 (aromatic C), 129.8 (aromatic CH), 126.9 (aromatic CH), 86.8 (C), 54.7 (CHN), 53.0 (OCH$_3$), 29.8 (CH$_2$), 27.6 (CH$_2$), 21.5 (CH$_3$), 16.3 (CH$_3$). MS (LSIMS); m/z (%) : 364 [M+Na]$^+$ (100), 342 [M+H]$^+$ (73), 198 (21), 155 (30). HRMS C$_{15}$H$_{19}$NO$_6$SNa calcd. 364.0831; found: 364.0093. C$_{15}$H$_{19}$NO$_6$S (341.38): calcd. C 52.77, H 5.61, N 4.10, S 9.39; found: C 52.81, H 5.61, N 4.15, S 9.96.

2-(1-Hydroxyethyl-2-toluene-4-sulfonylamino) pentanedioic acid dimethyl ester 41

White solid (45 mg, 6%), m.p. 132-134°C, R_f = 0.43 (Petroleum ether/AcOEt 1:1); IR (film) : ν = 3502 cm^{-1} (OH), 3274 (NH), 1737 (C=O), 1732 (C=O). - ^{1}H NMR (300 MHz, CDCl$_3$): δ = 7.73 (d, J = 7.2 Hz, 2H, aromatic H), 7.33 (d, J = 7.9 Hz, 2H, aromatic H), 4.70 (d, J = 10.2 Hz, 1H, OH), 3.66 (s, 3H, OCH$_3$), 3.65 (s, 3H, OCH$_3$), 3.63 (br s, 1H, NH), 2.44 (s, 3H, CH$_3$), 2.41 (q, J = 6.7 Hz, 1H, CH), 2.12 (m, 2H, CH$_2$), 1.95 (m, 2H,

CH_2), 1.02 (d, J = 6.7 Hz, 3H, CH_3) - ^{13}C NMR (75 MHz, $CDCl_3$): δ = 174.8 (C=O), 173.2 (C=O), 143.4 (aromatic C), 138.7 (aromatic C), 129.6 (aromatic CH), 126.9 (aromatic CH), 79.2 (C), 54.4 (CH), 53.3 (OCH_3), 51.8 (OCH_3), 30.4 (CH_2), 28.5 (CH_2), 21.4 (CH_3), 15.5 (CH_3).

Asymmetric Aminohydroxylation of glutarates with chloramine-M

Preparation of t-BuOCl: In a 500 mL round bottom flask charged with *t*-BuOH (21 mL, 0.22 mol, 1 equiv.) and glacial acetic acid (14 mL, 0.25 mol, 1.1 equiv.) at 0°C, a sodium hypochlorite solution (0.9M, 250 mL) was added dropwise and the reaction mixture was stirred for 4 min. The organic layer was decanted, washed with saturated $NaHCO_3$ (15 mL) then brine. The organic layer was dried over $CaCl_2$, filtered and stored under nitrogen in the dark at 4°C.

Preparation of CH_3SO_2NClNa: Solid NaOH (2 g, 0.05 mol) was added to a solution of methanesulfonamide (4.81 g, 0.05 mol) in water (40 mL), followed by a freshly prepared solution of *ter*-butyl hypochlorite. The mixture was stirred overnight at room temperature. Water and *t*-BuOH were then evaporated under reduced pressure to afford the chloramines salt as a white solid (7.5 g, 98%), which will be used in the next step without further purification.

Typical procedure: In a 50 mL flask equipped with a magnetic stirrer, a solution of quinuclidine (2.3 mg, 0.02 mmol, 5 mol%) in *n*-PrOH (15 mL) was added to a solution of CH_3SO_2NClNa (0.91 g, 6 mmol, 3 equiv.) in water (15 mL). After homogenisation, $K_2OsO_2(OH)_4$ (29.8 mg, 0.08 mmol, 4 mol%) then glutarate **7c** (524 mg, 2 mmol) were added at room temperature. The reaction mixture was stirred for 14 hours then cooled at 0°C and solid sodium sulfite (3 g, 24 mmol) was added, and the resulting mixture was warmed to stir at room temperature for 1 hour. The aqueous layer was extracted with ethyl acetate (3 x 20 mL). The combined organic extracts were washed with brine, dried over $MgSO_4$ and concentrated in vacuo to afford a residue, which was purified by chromatography on silica gel.

2-(1-Methanesulfonylamino-2-phenylethyl)-5-oxotetrahydrofuran-2-carboxtlic acid methyl ester 40d

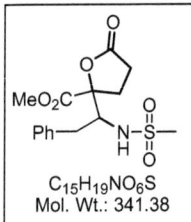

C$_{15}$H$_{19}$NO$_6$S
Mol. Wt.: 341.38

Colorless oil (150 mg, 22%), R$_f$ = 0.38 (Pentane/AcOEt 1:1); IR (film) : ν = 3237 cm^{-1} (NH), 1747 (C=O), 1729 (C=O). - ^{1}H NMR (300 MHz, CDCl$_3$): δ = 7.33-7.24 (m, 5H, aromatic H), 5.36 (d, J = 9.8 Hz, 1H, NH), 3.87 (s, 3H, OCH$_3$), 3.24 (dd, J = 13.5, 13.9 Hz, 1H, CH), 2.78-2.70 (m, 2H, CH$_2$), 2.65 (m, 2H, CH$_2$), 2.46 (m, 2H, CH$_2$), 2.21 (s, 3H, CH$_3$). - ^{13}C NMR (75 MHz, CDCl$_3$): δ = 175.3 (C=O), 171.5 (C=O), 137.4 (aromatic C), 130.0 (aromatic CH), 128.9 (aromatic CH), 127.4 (aromatic CH), 86.1 (C), 61.9 (CH), 53.3 (OCH$_3$), 41.2 (CH$_3$), 37.4 (CH$_2$), 30.9 (CH$_2$), 27.6 (CH$_2$).

2-Hydroxy-2-(1-methanesulfonylamino-2-phenylethyl) pentanedioic acid dimethyl ester 42

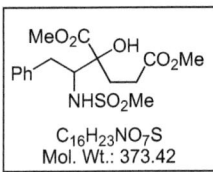

C$_{16}$H$_{23}$NO$_7$S
Mol. Wt.: 373.42

Colorless oil (403mg, 54%), R$_f$ = 0.24 (Pentane/AcOEt 1:1); IR (film) : ν = 3545 cm^{-1} (OH), 3243 (NH), 1776 (C=O), 1742 (C=O). - ^{1}H NMR (300 MHz, CDCl$_3$): δ = 7.31-7.23 (m, 5H, aromatic H), 4.96 (d, J = 9.7 Hz, 1H, NH), 3.95 (br. s, 1H, OH), 3.91 (s, 3H, OCH$_3$), 3.85 (s, 3H, OCH$_3$), 3.23 (dd, J = 13.6, 13.7 Hz, 1H, CH), 2.56-2.52 (m, 2H, CH$_2$), 2.23 (m, 4H, 2CH$_2$), 1.88 (s, 3H, CH$_3$). - ^{13}C NMR (75 MHz, CDCl$_3$): δ = 174.6 (C=O), 173.5 (C=O), 138.0 (aromatic C), 130.1 (aromatic CH), 128.8 (aromatic CH), 127.1 (aromatic CH), 79.6 (C), 61.8 (CH), 53.6 (OCH$_3$), 51.9 (OCH$_3$), 40.9 (CH$_3$), 35.8 (CH$_2$), 30.6 (CH$_2$), 28.9 (CH$_2$).

CONCLUSION GENERALE

« La fin justifie les moyens »

Proverbe Français

CONCLUSION GENERALE

*L*es travaux reportés dans ce mémoire mettent en valeur l'intérêt synthétique des accepteurs de Michael fonctionnels tels que les diesters-1,5, -1,6 et -1,7 α-alkylidéniques.

*N*ous avons développé dans le premier chapitre deux nouvelles voies d'accès aux α-alkylidène glutarates de dialkyle **3** et **7**. Une première méthode constitue une contribution supplémentaire aux travaux effectués ces dernières années dans notre laboratoire sur la réactivité des esters acryliques α-acétoxyalkylés **2** vis-à-vis de nucléophiles divers. Nous avons montré que le couplage entre ces acétates allyliques secondaires et un énolate de β-cétoester (acétylacétate d'éthyle), conduit *via* un réarrangement allylique suivie d'une déacétylation, aux α-alkylidène glutarates de diéthyle **3(a-f)** sous forme d'un mélange de deux stéréoisomères *E* et *Z*. Par ailleurs, nous avons montré dans la deuxième méthode qu'il est possible de déplacer un atome de brome vinylique par un nucléophile organométallique à basse température pour conduire, d'une manière hautement stéréosélective, à une série d'α-alkylidène glutarates de dialkyle **7(a-o)** de configuration *E*.

*D*ans le deuxième volet de ce mémoire, nous avons montré, que la réaction de Wittig-Horner en milieu hétérogène faiblement basique (K_2CO_3), appliquée à des phosphonates bifonctionnels tels que **8** et **14**, constitue une voie prometteuse pour accéder à deux nouvelles familles de diesters-1,6 et -1,7-α-alkylidéniques très recherchées en synthèse organique.

A partir de l'α-méthylène adipate et pimelate de diéthyle **9a** et **15**, nous avons développé une méthodologie simple, peu onéreuse pour accéder aux homologues supérieurs de l'ester de la sarkomycine, à six et à sept chaînons.

*D*ans le troisième chapitre de ce mémoire, nous avons montré que le processus de silylcupration (silylzincation) suivi d'une oxydation de la liaison C-Si, peut être appliqué à des accepteurs de Michael hautement fonctionnalisés tels que les diesters **7** et constitue une méthode prometteuse de synthèse diastéréosélective de δ-lactones fonctionnalisées **30**. La version asymétrique de ce processus, encore inexplorée à ce jour, suscite également un grand intérêt.

*P*our clore nos travaux, nous avons appliqué les deux processus de dihydroxylation et aminohydroxylation asymétriques de Sharpless sur nos accepteurs de Michael **7**. Nous avons ainsi montré que les glutarates α-alkylidéniques sont des intermédiaires représentatifs pour permettre une synthèse énantiosélective des γ-butyrolactones hautement fonctionnalisées **36** et **40**, lesquelles peuvent présenter des activités biologiques intéressantes. Deux centres asymétriques, dont un quaternaire d'accès difficile d'après la littérature, ont été générés lors de cette synthèse. De bons, voire d'excellents excès énantiomériques ont été obtenus lors de la dihydroxylation, alors qu'un problème de chimiosélectivité et une énantiosélectivité modeste à moyenne sont observées au cours de l'aminohydroxylation de ces accepteurs de Michael.

Comme perspectives de notre travail, nous comptons optimiser les conditions expérimentales de l'aminohydroxylation asymétrique de diesters **7** et tester l'activité biologique associée à ces γ-butyrolactones hautement fonctionnalisées de types **36** et **40**. Nous envisagerons aussi, d'accentuer nos efforts vers l'addition asymétrique du groupement PhMe$_2$Si- sur des systèmes α,β-insaturés, ainsi que l'exploitation des dérivés disilanes préparés **34** et **35** comme de nouveaux réactifs lithiosilanes susceptibles de s'additionner sur des systèmes conjugués.

Oui, je veux morebooks!

i want morebooks!

Buy your books fast and straightforward online - at one of world's fastest growing online book stores! Environmentally sound due to Print-on-Demand technologies.

Buy your books online at
www.get-morebooks.com

Achetez vos livres en ligne, vite et bien, sur l'une des librairies en ligne les plus performantes au monde!
En protégeant nos ressources et notre environnement grâce à l'impression à la demande.

La librairie en ligne pour acheter plus vite
www.morebooks.fr

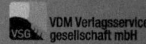 VDM Verlagsservicegesellschaft mbH
Heinrich-Böcking-Str. 6-8   Telefon: +49 681 3720 174   info@vdm-vsg.de
D - 66121 Saarbrücken   Telefax: +49 681 3720 1749 www.vdm-vsg.de

Printed by Books on Demand GmbH, Norderstedt / Germany